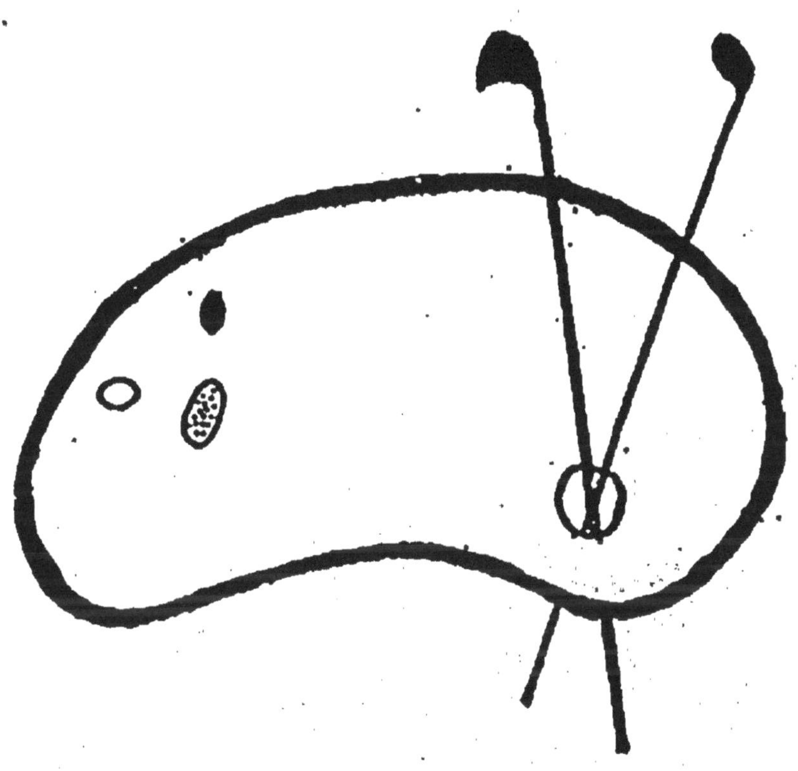

SYNTHÈSE

DES

CORPS AZOTÉS

PAR

Le Dr A. LACOTE,
Pharmacien de 1re classe,
Membre du Conseil d'hygiène et de salubrité de la Creuse,
Ancien professeur de chimie industrielle (Association polytechnique),
Ancien interne en pharmacie des hôpitaux de Paris (Médaille de bronze),
Ancien préparateur de chimie à l'Ecole polytechnique, etc.

PARIS
LIBRAIRIE J.-B. BAILLIERE ET FILS
19, rue Hautefeuille, près du boulevard Saint-Germain

1880

Paris. — A. PARENT, imprimeur de la Faculté de Médecine, rue M.-le-Prince, 29-31.

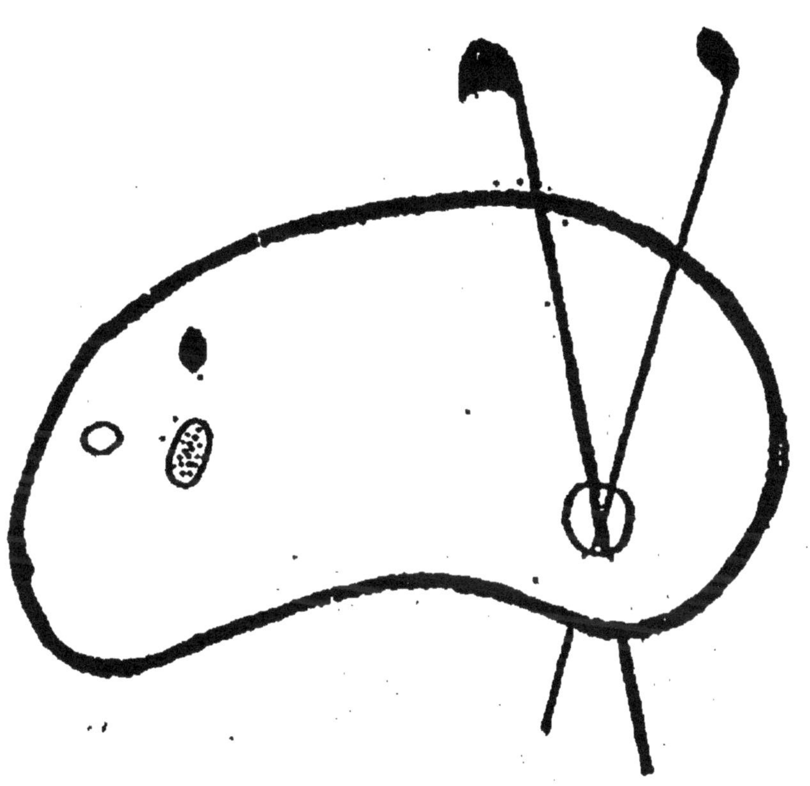

FIN D'UNE SERIE DE DOCUMENTS
EN COULEUR

SYNTHÈSE

DES

CORPS AZOTÉS

OUVRAGES SCIENTIFIQUES DE M. LACOTE

Du lithium, deses sels et leur application en médecine.... 2 fr.

Des bases organiques naturelles et artificielles au point de vue chimique physiologique et médicale............... 2 fr.

De la prophylaxie du choléra indien...................... 50 c.

Synthèse des corps azotés................................ 2 fr.

Notice sur la goutte, le rhumatisme et la gravelle....... 1 fr.

SYNTHÈSE

DES

CORPS AZOTÉS

PAR

Le Dr A. LACOTE,

Pharmacien de 1re classe,
Membre du Conseil d'hygiène et de salubrité de la Creuse,
Ancien professeur de chimie industrielle (Association polytechnique),
Ancien interne en pharmacie des hôpitaux de Paris (Médaille de bronze),
Ancien préparateur de chimie à l'Ecole polytechnique, etc.

PARIS
LIBRAIRIE J.-B. BAILLIERE ET FILS
19, rue Hautefeuille, près du boulevard Saint-Germain

1880

AVANT-PROPOS.

Si la chimie, cette science qui explique les faits considérés autrefois comme des mystères impénétrables, qui a fait oser à l'homme les plus sublimes découvertes dans l'étude de la nature et qui aussi sait descendre de la sphère des hautes spéculations théoriques pour s'appliquer aux besoins matériels de l'homme, ne procédait autrefois que par analyse, il lui a fallu pour continuer à progresser, se lancer dans la synthèse, contrôle de l'analyse.

C'est surtout en chimie organique que la synthèse présentait de grandes difficultés, mais c'est là aussi qu'elle avait le plus d'intérêt.

Ces mots, analyse et synthèse, expriment des procédés logiques de l'esprit humain qui tantôt décompose une notion complète en une suite de notions plus simples, tantôt, et inversement reconstitue une notion générale à l'aide de tout un ensemble de notions particulières.

Si maintenant on change le mot notion en celui de substance, on comprendra facilement ce que signifiait en chimie les mots analyse et synthèse.

En chimie organique, l'analyse procède par deux degrés successifs, d'abord séparation des principes immédiats, puis dosage des éléments. Elle commence par démontrer que les êtres vivants sont formés par l'association et le mélange d'un nombre immense de principes immédiats définis, très peu stables, très facilement altérables sous l'influence de la chaleur et des agents ordinaires de la chimie minérale. Et ces principes si nombreux résultent presque tous de l'union de quatre éléments fondamentaux, le carbone, l'hydrogène, l'oxygène et l'azote.

Si l'on oppose ce petit nombre des éléments des matières organiques à la multitude des principes immédiats qui en sont composés et au peu de stabilité de ces principes, on comprendra facilement les difficultés qui s'opposent à la synthèse des matières organiques, et, pourquoi cette synthèse, envisagée d'une manière générale, exige un travail considérable.

Tous les jours nous voyons sous nos yeux la nature réaliser des synthèses. Les végétaux former leurs principes immédiats avec les éléments de l'eau de l'air et de l'acide carbonique, les animaux engendrer de nouveaux principes par la métamorphose de ceux que les végétaux ont produits de toutes pièces.

Buffon avait émis, au siècle dernier, l'opinion qu'il existe une matière organique animée, bien distincte de la matière minérale, universellement répandue dans les substances végétales et animales.

Mais, quand il fut démontré que les éléments chimiques des êtres organisés sont les mêmes que les éléments chimiques des êtres minéraux, cette opinion fut renversée.

A cette conception grossière dans sa subtilité, on substitua bientôt celle d'une action propre à la force vitale intervenant pour diriger le jeu des affinités chimiques.

Cette idée fut ébranlée, en 1829, le jour où Vöhler reproduisit artificiellement l'urée, c'est-à-dire un des principes immédiats les plus importants des animaux.

Malgré les belles expériences de M. Pelouze sur la transformation de l'acide cyanhydrique en acide formique et de M. Kolbe sur la production du chlorure de carbone et de l'acide acétique au moyen du sulfure de carbone, cette première synthèse de Wöhler, demeura presque isolée.

Berzélius, en 1849, pouvait encore écrire :

« Dans la nature vivante, les éléments paraissent obéir à des lois tout autres que dans la nature inorganique... Si l'on parvenait à trouver la cause de cette différence, on aurait la clef de la chimie organique ; mais cette théorie est tellement cachée que nous n'avons aucun espoir de la découvrir, du moins quant à présent. »

Et il ajoutait, faisant allusion à la reproduction de l'urée et à quelques travaux plus récents :

« Quand même nous parviendrions avec le temps à produire avec des corps inorganiques plusieurs substances d'une composition analogue à celle des produits organiques, cette imitation incomplète est trop restreinte pour que nous puissions espérer produire des corps organiques, comme nous réussissons dans la plupart des cas à confirmer l'analyse des corps inorganiques, en faisant leur synthèse. »

Quelques années auparavant, Gerhardt avait écrit dans un sens analogue : « Que la formation des matières organiques dépendait de l'action mystérieuse de la force vitale, action opposée, en lutte continuelle avec celle que nous sommes habitués à regarder comme la cause des phénomènes chimiques ordinaires. » Je démontre, disait-il encore, en parlant de sa classification « que le chimiste fait tout l'opposé de la nature vivante, qu'il brûle, détruit, opère par analyse, que la force vitale seule opère par synthèse, qu'elle reconstruit l'édifice abattu par les forces chimiques. »

Tel était l'état de la science vers 1850, mais, depuis, il s'est fait des progrès immenses. Les idées sur la constitution des matières organiques et sur leur synthèse se sont considérablement modifiées, car les découvertes dans l'ordre de la synthèse ont été telles, qu'à l'heure présente il est peu de chimistes qui ne se préoccupent des questions de synthèse.

Toutes ces idées démontrent surabondamment l'importance du travail que j'ai à présenter, mais le peu de temps accordé empêche d'y donner tout le développement qu'on pourrait désirer et, pour être aussi complet que possible, j'ai dû être très laconique, ne faisant ce travail que comme un exposé méthodique des synthèses de l'azote en chimie minérale et organique.

J'ai dû m'appesantir principalement sur les synthèses organiques de l'azote comme représentant la partie la plus importante de la question.

Ce travail est divisé en deux parties :

1° Synthèse des corps azotés de composition simple et que l'on rangeait dans la chimie minérale.

2° Ces composés introduits dans les molécules organiques donnent naissance aux *amines*, *amides*, *nitriles*, *urée* et leurs *dérivés* qui feront l'objet de la deuxième partie.

Telle est la méthode que nous avons cru devoir suivre, c'est-à-dire aller du simple aux composés.

Comme appendice, nous traiterons brièvement des alcaloïdes naturels et des matières albuminoïdes.

SYNTHÈSE

DES

CORPS AZOTÉS

HISTORIQUE.

L'azote existe abondamment dans la nature. Il forme environ les 4/5 de l'air, et quoique ses affinités soient peu énergiques, il n'entre pas moins en combinaison avec quelques corps simples dont la synthèse est faite depuis longtemps.

Nous citerons : avec l'oxygène, les composés oxygénés de l'azote; avec l'hydrogène, l'ammoniaque et avec le carbone, le cyanogène; les composés de l'azote avec le chlore, le brome et l'iode, sont aussi connus; enfin nous dirons qu'il est aussi susceptible de se combiner directement avec le bore, le magnésium et le titane, à une haute température (au rouge).

L'azote, combiné avec le carbone, l'hydrogène et l'oxygène, existe dans les végétaux, constitue une classe de corps dont les propriétés basiques semblables à l'ammoniaque, sont très énergiques et combiné avec ces mêmes corps, hydrogène et oxygène et des traces de soufre et de phosphore, il rentre dans la constitution des tissus animaux et des matières protéiques.

Si, jusqu'à ce jour, on n'est pas encore parvenu à faire la synthèse des alcaloïdes naturels, on peut dire que les efforts des chimistes ne sont pas restés impuissants dans la reproduction synthétique des principes immédiats de l'organisme.

Les réactions, essentiellement mystérieuses, qui se passent dans la cellule vivante, dans nos appareils comme dans nos tissus, ne sont point semblables à nos procédés de laboratoire, mais les données de l'analyse, la nature des groupes plus simples qui constituent la molécule complexe se trouvent dans beaucoup de cas confirmés par la synthèse ; et ce n'est pas là un faible appoint que la chimie fournit à la biologie.

On comprend que les chimistes en s'avançant dans la voie synthétique des corps azotés de l'organisme, aient accumulé et accumuleront plus tard des matériaux précieux pour les physiologistes.

Les principes azotés immédiats de l'organisme sont tantôt cristallisés comme l'urée, la créatine, la taurine, tantôt amorphes et colloïdes, comme les substances désignées sous le nom générique de matières protéiques.

Le premier fait synthétique d'un produit organique, est la transformation de l'acide cyanique par Wöhler en 1829.

Cette synthèse imprévue, réalisée dans le cours de ses recherches sur l'acide cyanique, faisait disparaître la distinction qu'on avait établie entre les corps fournis par la matière minérale et ceux qui prennent naissance dans les organismes vivants.

En 1846, M. Dessaignes montrait que l'acide hippurique se dédoublait par hydratation en glycocolle ou sucre de gélatine et en acide benzoïque.

$$C^9H^9AzO^3 + H^2O = C^7H^6O^2 + C^2H^5AzO^2$$

Acide hippurique.	Eau.	Acide benzoïque.	Glycocolle.

Sept ans plus tard, le même chimiste parvenait à faire la réaction inverse et à reconstituer l'acide hippurique en unissant l'acide benzoïque et le glycocolle, avec élimination d'eau.

Pendant ce long espace de temps de 1820 à 1853, la chimie organique avait fait des progrès immenses. Les faits accumulés étaient nombreux. Gerhardt avait apporté son puissant génie à leur coordination et pour la première fois la chimie organique devenait une science, et les chimistes s'appuyant sur les idées de ce savant devaient désormais faire marcher de front les travaux de l'analyse et les recherches synthétiques afin de donner à leurs travaux un merveilleux appui.

Si l'acide hippurique était synthétisé en unissant l'acide benzoïque et le glycocolle avec élimination d'eau, le glycocolle ne l'était pas. Il provenait du dédoublement de la gélatine ou de l'acide hippurique. On conçoit alors que la synthèse de l'acide hippurique ne sera complète que si ses générateurs sont aussi obtenus par synthèse.

Il appartenait à M. Cahours, en 1858, de réaliser cette remarquable synthèse du glycocolle.

Pour cela, il prend le dérivé monochloré de l'acide acétique,

$C^2H^4O^2$	$C^2H^3ClO^2$
Acide acétique.	Acide acétique monochloré,

et le fait réagir sur l'ammoniaque; il obtient ainsi l'acide amido-acétique, c'est-à-dire l'acide acétique dont un atome d'hydrogène est remplacé par un groupe $Az\,H^2$, résidu de l'ammoniaque $Az\,H^3$, et montre que cet acide amido-acétique est identique avec le glycocolle :

$$C^4H^3ClO^4 + AzH^3 = C^4H^3(AzH^2)O^4 + HCl$$

Acide acétique monochloré.	Ammoniaque.	Acide amido-acétique (glycocolle).	Acide chlorhydrique.

Nous constatons que c'est une synthèse totale, faite avec des éléments minéraux, car Kolbe et Melsens ont obtenu l'acide acétique, dès 1845, au moyen du chlore, du sulfure de carbone et de l'eau.

Nous savons, en outre, que l'acide benzoïque a été préparé par l'oxydation du toluène $C^7\,H^8$, carbure du goudron de houille.

Il résulte de ces faits que la synthèse de l'acide hippurique est complète, et qu'il a fallu les travaux d'un grand nombre de chercheurs, dont chacun a fait connaître une vérité nécessaire, indispensable, pour la reconstitution de cette molécule.

Avec l'acide hippurique nous avons un modèle, un type qui peut servir à la construction de nouveaux édifices. Non seulement on peut obtenir des corps fournis par la nature, mais aussi des corps nouveaux appartenant à la même fonction que les corps naturels et qui n'ont pas été rencontrés dans l'organisme. Ainsi l'acide toluique, l'acide cuminique, analogues à l'acide benzoïque, peuvent comme lui s'unir au glycocolle avec perte d'eau, et donner l'acide tôlurique, l'acide cuminurique qui, par leurs propriétés, leur réaction, leur dédoublement, sont absolument comparables à l'acide hippurique.

En effet, ne sait-on pas que, par l'ingestion de l'acide benzoïque dans l'estomac, l'homme sécrète avec l'urine de l'acide hippurique.

Si le glycocolle n'existe pas dans l'organisme à l'état libre, mais provient seulement du dédoublement de l'acide hippurique ou des acides de la bile, nous trouvons dans l'économie animale plusieurs corps qui sont constitués comme lui.

Telles sont la *butalanine* (acide amido-valérique), la *leucine* (acide amido-caproïque), etc.

Le même procédé de synthèse qui a fourni le glycocolle permet de les reproduire, c'est-à-dire action de l'ammoniaque sur l'acide gras chloré.

$$C^5H^9ClO^2 + AzH^3 = C^5H^9(AzH^2)O^2 + HCl$$

Acide valérique chloré.	Ammoniaque.	Butalanine.	Acide chlorhyd.

$$C^6H^{11}ClO^2 + AzH^3 = C^6H^{11}(AzH^2)O^2 + HCl$$

Acide caproique chloré.	Ammoniaque.	Leucine.	Acide chlorhyd.

Comme l'a démontré M. Schutzenberger, les acides amidés jouent un grand rôle dans la constitution des tissus par les matières albuminoïdes, en se dédoublant par hydratation, se résolvent entièrement en acide carbonique, ammoniaque et acides amidés.

Pour quelques-uns, la synthèse a été réalisée comme la butalanine, la leucine, le glycocolle. D'autres, dont la synthèse est encore à faire, appartenant à des séries différentes, comme l'acide aspartique (*acide amido-succinique*), la *tirosine*, etc.

La créatine $C^4H^9Az^3O^2$, principe cristallisé répandu dans le tissu musculaire, se rattache aux acides amidés.

En effet, la créatine, en fixant les éléments de l'eau, se dédouble en urée et en un corps, la *sarcosine*, qui n'est autre que du méthyl-glycocolle.

$$C^4H^9Az^3O^4 + H^2O = COAz^2H^4 + C^3H^7AzO^2$$

Créatine, Eau. Urée. Sarcosine

A. Strecker, en 1861, pensa qu'on pourrait effectuer la réaction inverse, en combinant directement le méthyl-glycocolle $C^3H^7AzO^2$ avec la cyanamide CAz^2H^2 qui représente de l'urée moins de l'eau ; l'expérience confirma ses prévisions. N'ayant pas de méthyl-glycocolle à sa disposition, il essaya la réaction avec le glycocolle ordinaire, et obtint une base homologue de la créatine, renfermant $C^3H^7Az^3O^2$, qu'il appela glyco-cyamine.

M. Volhardt, quelques années plus tard, répétant la réaction de Strecker, unit la cyanamide au méthyl-glycocolle, et reproduisit la créatine.

Maintenant la voie est toute tracée, il existe une méthode générale qui permet de préparer une série de bases constituées comme la créatine. Il suffit d'unir la cyanamide aux nombreux acides amidés de la série grasse.

M. Wurtz, l'éminent chimiste français, par ses recherches sur les glycols et leurs dérivés ammoniacaux, a découvert une nouvelle série de bases d'une constitution spéciale, les bases oxyéthyléniques.

Le glycol $C^2H^6O^2$ peut s'unir à une molécule d'acide chlorhydrique, avec séparation d'une molécule d'eau pour donner naissance à un premier éther chlorhydrique

$$C^2H^6O^2 + HCl = C^2H^5OCl + H^2O$$

Glycol. Acide chlorhyd. Ether chlorhyd. Eau.

et cet éther réagit sur l'ammoniaque pour donner le chlorhydrate d'une base oxyéthylénique,

$$C^2H^7AzO,HCl.$$

Le même chimiste, M. Wurtz, en 1849, en découvrant les ammoniaques composés, corps dérivés de l'ammoniaque par la substitution de radicaux hydrocarbonés aux atomes d'hydrogène, l'une d'elles, la triméthylamine $Az(CH^3)^3$, en réagissant sur l'éther chlorhydrique ou glycol, cité plus plus haut, s'y unit directement pour fournir un chlorure d'où l'on isole *la choline* ou *névrine* $C^5H^{15}AzO^2$ par l'action de l'oxyde d'argent.

Cette synthèse si remarquable de la *choline* ou *névrine*, base que Strecker avait retirée de la bile, que Liebreich retrouva dans le protagon, montre qu'il a fallu pour arriver à la réaliser la découverte des glycols, celle des ammoniaques composés et celle des bases oxyéthyldéniques de M. Wurtz.

M. Kolbe a obtenu synthétiquement la *taurine*, $C^2H^7AzO^3S$, principe sulfuré qui se rencontre dans les muscles des mollusques, dans les poumons, qui se forme par le dédoublement d'un acide biliaire. Ce corps se rattache encore aux glycols de M. Wurtz.

M. Kolbe a pu faire la synthèse de la taurine au moyen de l'*acide iséthionique* qui provient de l'action de l'éther chlorhydrique du glycol sur le sulfite de potassium, et doit être considéré comme un éther acide du glycol, l'acide *glycol-sulfureux* :

$$C^2H^4(OH)SO^3H.$$

Par l'action successive du perchlorure de phosphore et

de l'ammoniaque, l'acide glycol-sulfureux se transforme en *taurine* $C^2H^7AzO^3S$, entièrement identique avec le produit naturel.

Tel était l'état de la science sur la synthèse des principes azotés de l'organisme en 1872.

Il comprend donc la reproduction de l'urée, de l'acide hippurique, des divers acides amidés, glycocolle, butalanine, leucine, de la créatine, de la taurine et de la choline ou névrine, etc.

Bien des corps étaient à reproduire : la *tyrosine* produit de dédoublement constant des matières protéiques, et, appartenant à la série aromatique. La *cystine*, principe si rare de l'urine pathologique, et que l'on retrouve dans les calculs du rein. L'*allantoïne*, retirée d'abord du liquide de l'amnios, l'*alloxane* rencontrée dans le mucus intestinal, l'*oxalurate* d'ammoniaque existant dans l'urine normale, la *guanine*, la *sarcine*, la *xanthine*, congénères de l'acide urique, et l'*acide urique* lui-même qui joue un si grand rôle pysiologique et chimique, les *matières colorantes de la bile*, les *acides biliaires*, enfin les *substances protéiques*, dont l'étude rencontre des obstacles presque insurmontables, en raison de leur poids moléculaire si élevé, de leur altérabilité, et leur manque de forme cristalline.

Enfin, M. Grimaux, dans son beau travail sur les dérivés de l'acide urique et de leurs congénères est arrivé à reproduire par la synthèse l'*allantoïne*, l'*alloxane*, l'*acide oxalurique*.

Ce travail remarquable sera l'objet d'un chapitre particulier.

Tel est le résumé historique de la synthèse des corps azotés ; comme on le voit il y a beaucoup de lacunes à combler, mais les méthodes sont en quelque sorte créées, la voie est ouverte aux chimistes qui concourront à cette œuvre si importante de la synthèse des corps azotés afin d'éclairer les médecins physiologistes sur les différents phénomènes qui se produisent dans l'organisme vivant.

Par l'exposé sommaire de cet historique, nous pensons avoir suffisamment montré quels seront les développements des chapitres suivants :

PREMIÈRE PARTIE

SYNTHÈSE DES CORPS AZOTÉS MINÉRAUX

CHAPITRE PREMIER.

synthèse de l'azote avec l'hydrogéne, l'oxygène et le carbone

Ammoniaque AzH^3. — Les principales conditions de production de l'ammoniaque sont :

1° Union directe des éléments.

La production d'une molécule de gaz ammoniac étant accompagnée d'un dégagement de chaleur correspondant à 26,700 calories, on peut prévoir l'union directe des éléments Az et H. Elle ne s'effectue cependant que dans des conditions spéciales et encore on n'obtient que des proportions très faibles de gaz ammoniac.

D'après Morren, l'étincelle d'induction éclatant entre deux pointes de platine, à travers un mélange d'azote et d'hydrogène, produit de l'ammoniaque. La proportion formée ne peut être que très minime, puisque, en soumettant le gaz ammoniac à l'action d'une série d'étincelles, on double à très peu de chose près son volume, ce qui semble indiquer une décomposition complète, non limitée par son action inverse ; cependant, quelque prolongé que soit le passage des étincelles, on trouve que l'acide chlorhydrique forme toujours de légères fumées, indice de la production d'ammoniaque.

2° Réduction des composés oxygénés de l'azote.

L'hydrogène libre réduit facilement les divers composés oxygénés gazeux de l'azote, protoxyde, bioxyde, acide azoteux, hypoazotique et azotique, lorsqu'on le fait passer en mélange avec ces produits sur de l'éponge de platine légèrement chauffée ou sur des corps poreux portés à une température de 300° à 400°.

Les produits qui s'échappent à l'autre extrémité du tube, rempli d'éponge de platine, offrent tous les caractères de la présence abondante de l'ammoniaque.

L'hydrogène, à l'état naissant, réduit de même l'acide nitrique en formant un sel ammoniacal. Il suffit de verser un peu d'acide nitrique dans un appareil d'hydrogène en pleine activité pour voir le dégagement s'arrêter et se ralentir tout à fait. Le métal continue à se dissoudre, mais l'hydrogène est utilisé à la réduction de l'acide nitrique. De même, certains métaux, zinc, fer, cadmium, étain, se dissolvent sans dégagement de gaz dans l'acide nitrique étendu ou dans un mélange d'acides nitrique et sulfurique étendus en donnant de l'ammoniaque.

3° Action de la vapeur d'eau ou des hydrates alcalins sur un grand nombre de composés azotés.

Nous citerons entre autres :

Les azotures métalliques : azotures de titane, de bore, de silicium ; les cyanates et les cyanures :

$$\left.\begin{matrix}CAz\\H\end{matrix}\right\}O + \left.\begin{matrix}H\\H\end{matrix}\right\}O = CO^2 + AzH^3$$

Acide cyanique. Eau. Acide carbonique. Ammoniaque.

Cette réaction est très importante parce qu'elle est le point de départ de la formation des amines.

Un grand nombre d'amides et de composés azotés organiques, soumis à l'action de la vapeur d'eau, donnent de même de l'ammoniaque.

4° Décompositions putrides et pyrogénées des c omposés organiques azotés, et notamment des matières protéiques, de la houille, des vinasses, de l'urée, etc.

Dans ce cas, la formation de l'ammoniaque est souvent accompagnée de la production d'ammoniaques composées. Ainsi dans la distillation sèche des vinasses de betterave on obtient des proportions considérables de méthylamine ; par celle de la houille, on obtient, avec l'ammoniaque, de l'aniline et toute une série d'ammoniaques composées.

5° On a encore signalé la production de petites quantités d'ammoniaque dans d'autres circonstances. Ainsi, la combustion d'un mélange d'hydrogène et d'oxygène, contenant de l'azote, peut donner de l'ammoniaque, si l'hydrogène est en excès. Cet effet peut s'expliquer, soit par l'union directe de l'hydrogène et de l'azote sous l'influence de la chaleur dégagée pendant la formation de l'eau, soit en admettant la production préalable d'acide hypoazotique que l'hydrogène réduirait ultérieurement. Pendant l'oxydation lente du fer, au contact de l'air humide, il y a formation d'ammoniaque ; d'après M. Cloëz le résultat est subordonné à la présence dans l'air de petites quantités d'acide azotique sans lesquelles il ne se produit pas ; ce cas rentrerait donc dans l'une des conditions précédentes.

Combinaisons oxygénées de l'azote. — On sait qu'il existe cinq composés oxygénés de l'azote. Les conditions de formation de ces corps sont multiples et rendues plus complexes par les transformations réciproques qu'ils éprouvent dans des conditions variées.

Un composé oxygéné de l'azote peut prendre naissance :

1° Par l'union directe de l'azote et de l'oxygène libres ;

2° Par l'oxydation de l'ammoniaque dans des conditions particulières.

1° Cavendish observa le premier que de fortes étincelles électriques, traversant un mélange d'azote et d'oxygène secs y déterminent la production de vapeurs nitreuses qui colorent le gaz en rouge. L'acide hypoazotique (AzO^2) est le seul terme de cette réaction ; encore celle-ci est-elle limitée, l'acide hypoazotique étant lui-même décomposé par l'étincelle en azote et oxygène.

Si l'on prend soin d'absorber par la potasse les composés nitreux à mesure qu'ils se produisent, on arrive facilement, avec un mélange contenant une quantité convenable d'oxygène et d'azote, à faire disparaître tout l'azote. C'est sur le trajet même des étincelles, et à la faveur de la haute température qu'elles produisent, que les composés nitreux prennent naissance.

La combustion de l'hydrogène dans un excès d'oxygène, en présence du gaz azote, provoque également l'oxydation de ce dernier. On donne à ce phénomène le nom d'entraînement chimique. Pour réussir l'expérience, on ne doit pas trop diluer l'oxygène par une trop forte proportion d'azote, afin que la température de combustion de l'oxygène soit assez élevée. On voit apparaître des vapeurs nitreuses, mais le phénomène est nécessairement plus complexe qu'avec l'étincelle et les gaz secs, à cause de la production simultanée de vapeur d'eau qui réagit sur l'acide hypoazotique en donnant de l'acide nitrique et de l'acide nitreux hydratés ou de l'acide azotique et du bioxyde d'azote. L'opération peut se faire dans un grand ballon tubulé et rempli d'air, au centre duquel brûle un jet d'hydrogène à l'extrémité d'un bec de chalumeau en platine ; on fait arriver un courant modérément rapide d'oxygène. Au début et tant que l'air domine, on n'observe pas de vapeurs rouges, mais elles commencent à paraître, quand l'oxygène est en quantité suffisante.

2° L'oxydation de l'ammoniaque est la source la plus abondante des composés nitrés. L'ammoniaque se change en eau et en composés oxygénés de l'azote (acide nitrique, nitreux, hypoazotique).

Ainsi en faisant brûler de l'ammoniaque dans un ballon rempli d'oxygène, on obtient de l'azote, de l'eau, et de plus une certaine proportion d'acides nitreux et nitrique.

La combustion de l'ammoniaque, sous l'influence de l'éponge de platine ou du même métal forgé, donne naissance à de l'acide nitrique, nitreux et hypoazotique.

L'expérience s'effectue en faisant passer de l'air ou de l'oxygène dans un flacon renfermant une solution aqueuse d'ammoniaque et, de là, dans un tube rempli dans une portion de sa longueur avec du platine spongieux que l'on chauffe légèrement, les gaz qui s'échappent à l'autre extrémité sont acides et répandent d'épaisses fumées d'azotite et d'azotate d'ammoniaque.

Citons encore l'expérience suivante : on introduit dans un vase à précipités à fond mince une couche d'ammoniaque caustique et on plonge dans l'atmosphère du vase une spirale en fil de platine préalablement chauffée ; si l'on fait passer en même temps un courant d'oxygène, la spirale devient incandescente et s'enveloppe de fumées blanches d'azotite d'ammoniaque et de vapeurs rutilantes.

La formation des nitrates dans les murs, dans le sol des

caves et dans certains terrains à exercé pendant longtemps la sagacité des savants. Après les belles expériences de M. Kuhlmann, que nous avons citées précédemment, sur l'acidification de l'ammoniaque, sous l'influence de l'air et du platine spongieux, on avait cru pouvoir expliquer la nitrification par une action du même genre, provoquée par la porosité des murs ou des terrains. On démontra, en effet, avec certitude que les nitrates n'apparaissent que là ou peut se développer préalablement de l'ammoniaque par la décomposition putride des matières azotées. Des nitrières artificielles, fondées sur ces principes, furent établies dans divers pays ; les conditions que l'on cherchait à réaliser étaient : la présence de composés ammoniacaux ou de produits capables de donner de l'ammoniaque, l'accès suffisant de l'air atmosphérique et, enfin, l'intervention de substances poreuses susceptibles de déterminer l'oxydation de l'ammoniaque. Des irrégularités nombreuses dans la marche de l'opération, des succès d'un côté et des résultats négatifs de l'autre, montrèrent qu'il manquait encore un des éléments de la question.

Cette lacune regrettable dans la théorie d'un phénomène naturel d'une très grande importance semble devoir être comblée par les travaux récents de MM. Schlœsing et Müntz. Leurs expériences conduisent à enlever à la porosité le rôle d'agent déterminant pour le donner à un ferment spécial qui est probablement organisé. Ces savants chimistes ont fait filtrer lentement de l'eau d'égout, riche en composés ammoniacaux et azotés, à travers une couche épaisse de sable siliceux mélangée à 1/50 de carbonate de chaux. Pendant les vingt premiers jours, on ne constata pas trace de nitrification ; mais, après ce délai, on vit se produire du salpètre dont la proportion augmente peu à peu et finit par absorber tout l'azote disponible. Cette circonstance, à elle seule, tend à prouver l'influence d'un ferment, exigeant un certain temps pour se développer. Le ferment a pu tout récemment être isolé, et l'expérience suivante ne laisse presque pas de doutes sur son existence. On sait que les vapeurs de chloroforme arrêtent momentanément ou détruisent à tout jamais l'activité des ferments organisés, selon la durée de son influence. Or, lorsque la nitrification, dans les conditions précédentes, est en pleine activité et à son maximum d'intensité, on peut l'enrayer pendant quelque temps ou l'entraver tout à fait par l'intervention de vapeurs chloroformiques.

Le côté mystérieux que présentait jusqu'ici le phénomène de la formation naturelle du salpêtre, se trouve ainsi éliminé.

Combinaisons directes de l'azote avec certains métalloïdes. — Comme nous l'avons dit au commencement, l'azote a peu de tendances à s'unir aux autres corps, simples ou composés ; c'est un élément peu actif et doué d'une inertie très prononcée.

Il se combine cependant directement à des températures élevées, avec un certain nombre de corps. Les expériences de M. Deville et Wœhler ont démontré qu'au rouge le bore, le silicium, le tungstène et le tantale s'unissent directement à l'azote ; on a établi plus tard le même fait pour l'aluminium, le magnésium, le chrôme, le fer et le vanadium.

Azote et carbone. — Le carbone pur ne se combine avec l'azote à aucune température ; pour que cette union se produise, il faut l'intervention d'un troisième corps avec lequel le cyanogène puisse se combiner.

Ainsi on obtient du cyanure de barium en faisant passer un courant d'azote ou d'air atmosphérique sur un mélange de charbon et de carbonate de baryte, chauffé à une température peu élevée,

L'ammoniaque passant sur du charbon, chauffé au rouge, donne de même du cyanhydrate d'ammoniaque et de l'hydrogène se dégage.

$$2\ AzH^3 + C = CAzAzH^4 + 2\ H$$

L'expérience suivante due à M. Berthelot peut rendre compte du mécanisme de la production des cyanures.

Un mélange d'acétylène et d'azote donne de l'acide cyanhydrique sous l'influence d'une série d'étincelles d'induction :

$$C^2H^2 + Az^2 = 2\ (CAzH)$$

L'opération réussit mieux en employant un mélange de 10 volumes d'acétylène, 14 vol. 5 d'azote et 75 vol. 5 d'hydrogène. Au bout d'une heure et demie, avec 160 centimètres cubes, M. Berthelot a obtenu 8 centimètres cubes d'acide cyanhydrique. (Voir chapitre IV.)

Comme nous l'avons annoncé plus haut, nous ne nous étendrons pas davantage sur les substances minérales azotées, considérant les composés organiques qui renferment de l'azote comme étant beaucoup plus importants et susceptibles d'un plus grand développement.

DEUXIÈME PARTIE

SYNTHESES DES CORPS AZOTES ORGANIQUES

CHAPITRE PREMIER

Amines.

On donne le nom d'ammoniaques composées ou d'amines à des corps qui dérivent de l'ammoniaque AzH^3 par substitution de radicaux alcooliques à l'hydrogène.

ÉTAT NATUREL. — Beaucoup d'amines existent dans les végétaux.

Cette classe si importante de composés organiques a été découverte en 1849 par M. Würtz. Avant cette époque, on connaissait, il est vrai, un certain nombre d'ammoniaques composées; ainsi Runge avait extrait l'aniline et la quinoléine, des goudrons de la houille ; Anderson avait retiré la butylamine de l'huile de Dippel ; la méthylamine avait été obtenue par Rochleder en traitant la caféine par le chlore, la propylamine avait été produite par Wertheim en faisant agir la potasse sur la morphine et la nicotine, etc.

Mais tous ces composés avait été fortuitement découverts et leurs rapports avec l'amoniaque étaient restés méconnus ou fort obscurs. Les travaux de M. Würtz sur la décomposition des éthers cyaniques et cyanuriques par les alcalis ont établi de la manière la plus nette les liens de parenté qui rattachent à l'ammoniaque ces différents composés. Depuis ces recherches, la classe des ammoniaques composées a pris un immense développement.

Classification. — Les amines se divisent en monamines, diamines, triamines, suivant qu'elles dérivent d'une, de deux ou de trois molécules d'ammoniaque.

Type des monamines $Az\left\{\begin{matrix}H\\H\\H\end{matrix}\right.$

— des diamines $Az^2\left\{\begin{matrix}H^2\\H^2\\H^2\end{matrix}\right.$

— des triamines $Az^3\left\{\begin{matrix}H^3\\H^3\\H^3\end{matrix}\right.$

Chacun de ces groupes se subdivise en plusieurs autres, ainsi les monamines se divisent en trois classes : monamines primaires, secondaires et tertiaires. Les diamines et les triamines forment également plusieurs subdivisions.

Monamines.

Monamines primaires. — Une monamine est dite primaire quand elle dérive du type $Az\left\{\begin{matrix}R\\H\\H\end{matrix}\right.$ R réprésentant un radical d'alcool monoatomique ou un résidu monoatomique d'alcool polyatomique.

Monamines primaires renfermant un radical d'alcool monoatomique. — Plusieurs procédés peuvent servir à leur préparation ; ils ont été indiqués par M. Würtz, Hoffmann, Zinin, Mendius et A. Gautier.

Procédé de M. Würtz. — On sait que lorsqu'on fait agir une lessive concentrée de potasse sur l'acide cyanique, celui-ci se décompose en produisant du carbonate de potasse et laissant dégager de l'ammoniaque pure ainsi que l'exprime l'équation :

$$CAz-OH+2(KOH)=CO^3K^2+Az\begin{cases}H\\H\\H\end{cases}$$

Acide cyanique. Potasse. Carbonate de potasse. Ammoniaque.

En remplaçant dans cette réaction l'acide cyanique par un éther cyanique, c'est-à-dire par le cyanate d'un radical d'alcool, un des trois atomes d'hydrogène, qui donnaient lieu à la formation de l'ammoniaque dans la réaction précédente, se trouve remplacé par un radical alcoolique.

$$CAz-OR+2(KOH)=CO^3K^2+Az\begin{cases}R\\H\\H\end{cases}$$

Ether cyanique. Potasse. Carbonate de potasse. Amine.

La distillation des éthers cyaniques avec un excès de potasse fournit toutes les ammoniaques composées primaires. Le produit de la distillation est recueilli dans l'acide chlorhydrique, la solution est évaporée à siccité et on extrait l'alcaloïde de son chlorhydrate en distillant ce dernier avec de la chaux par le même procédé qui sert à la préparation de l'ammoniaque au moyen du sel ammoniac.

Procédé de M. Hoffmann. — Cette méthode consiste à faire réagir dans des tubes scellés à la lampe et plongés dans un bain-marie des mélanges des éthers bromhydriques ou iodhydriques des divers alcools avec une solution alcoolique d'ammoniaque. La réaction s'accomplit très nettement et d'une manière rapide à 100° en fournissant des produits cristallisés qui sont des combinaisons de l'acide bromhydrique ou iodhydrique avec la nouvelle substance alcaline formée.

La production de ces composés s'explique au moyen de l'équation :

$$\begin{matrix} R \\ I \end{matrix} + Az\left\{\begin{matrix} H \\ H \\ H \end{matrix}\right. = Az\left\{\begin{matrix} R \\ H, I \\ H \\ H \end{matrix}\right.$$

Ether iodhydrique. Ammoniaque. Iodhydrate d'une ammoniaque composée primaire.

On sépare ensuite l'ammoniaque composée de l'iodure formé, en distillant ce sel avec de la chaux.

Procédé de M. Mendius. — M. Mendius obtient les amines primaires en fixant de l'hydrogène sur les éthers cyanhydriques ; il obtient ce résultat en faisant intervenir un amalgame de potassium ou de sodium et de l'alcool étendu d'eau.

$$\begin{matrix} CH^3 \\ | \\ CAz \end{matrix} + 2\begin{matrix} H \\ H \end{matrix} = Az\left\{\begin{matrix} C^2H^5 \\ H \\ H \end{matrix}\right.$$

Cyanure de méthyle. Hydrogène. Ethylamine.

La base que l'on obtient ainsi renferme, non pas le radical de l'alcool dont on emploie l'acide, mais son premier homologue supérieur.

Procédé de M. A. Gautier. — On décompose les carbylamines, isomériques avec les nitriles, par les acides, il se forme de l'acide formique et un acide.

$$Az\left\{\begin{matrix}C\\C^4H^9\end{matrix}\right. + HCl + 2\left.\begin{matrix}H\\H\end{matrix}\right\}O = CHO-OH + Az\left\{\begin{matrix}C^4H^9\\H\\H\\H\end{matrix}\right.,Cl$$

Butyl-carbylamine. Acide chlorhyd. Eau. Acide formique. Chlorure de butyl-ammonium.

Procédé de M. Zinin.— Ce procédé consiste, pour la série aromatique, à soumettre à l'action de l'hydrogène naissant les dérivés nitrés en faisant agir l'acide nitrique fumant sur les hydrocarbures : benzine, toluène, xylène, cumène.

$$C^6H^6 + AzO^2-OH = H^2O + C^6H^5(AzO^2)$$

Benzine. Acide nitrique. Eau. Nitrobenzine.

$$C^6H^5(AzO^2) + 3H^2 = 2H^2O + Az\left\{\begin{matrix}C^6H^5\\H\\H\end{matrix}\right.$$

Nitrobenzine. Hydrogène. Eau. Amiline.

On emploie, comme source d'hydrogène, le sulfhydrate d'ammoniaque, l'étain et l'acide chlorhydrique, le fer et l'acide acétique, etc.

Pendant longtemps on n'a reproduit, par cette méthode, que les alcaloïdes de la série aromatique. — La découverte, par M. Meyer, des nitréthanes qui ne sont autres que les derniers nitrés des carbures gras, permet aujourd'hui de généraliser ce mode de production des amines,

$$C^2H^5AzO^2 + 6H = 2H^2O + C^2H^5AzH^2.$$

Nitréthane. Éthyliaque.

Les monamines primaires s'obtiennent encore dans la distillation de substances organiques, surtout quand on opère en présence d'une base. Ainsi, les huiles de goudron de houille ; renferment de l'aniline et certains alcaloïdes végétaux, chauffés avec de la potasse, fournissent de la méthylamine.

Monamines primaires renfermant un résidu d'alcool diatomique. — Ces composés ont été obtenus pour la première fois par M. Wurtz. Deux procédés permettent de les préparer.

1° On mélange intimement l'anhydride d'un glycol avec une solution d'ammoniaque ; la réaction commence à froid, l'anhydride du glycol se combine directement avec l'ammoniaque.

$$(C^2H^4)O + Az\begin{cases}H\\H\\H\end{cases} = Az\begin{cases}C^2H^4 - OH\\H\\H\end{cases}$$

Oxyde d'éthylène. Ammoniaque. Oxyéthylénamime.

La liqueur est saturée par de l'acide chlorhydrique, et les chlorures sont séparés par des cristallisations fractionnées.

Les produits ainsi obtenus renferment à la fois des monamines primaires, secondaires et tertiaires, dont les formules rationnelles sont :

$$Az\begin{cases}R'' - OH\\H\\H\end{cases} \quad Az\begin{cases}(R'' - OH)^2\\H\\H\end{cases} \quad Az(R'' - OH)^3$$

2° Ces amines se préparent encore en faisant agir la chlorhydrine d'un glycol sur l'ammoniaque.

$$R''\left\langle\begin{matrix}Cl\\OH\end{matrix}\right. + Az\begin{cases}H\\H\\H\end{cases} = Az\begin{cases}(R'' - OH)'\\H\\H\end{cases}, HCl$$

Chlorhydrine d'un glycol. Ammoniaque.

Une base de cette série présente un grand intérêt, parce qu'elle a été retirée de l'organisme et qu'elle représente un des produits du dédoublement de la *lécithine*, composé fort complexe contenu dans la substance cérébrale; c'est la névrine qui n'est autre que le dérivé méthylé du premier monammonium du glycol ordinaire. La synthèse en a été faite par M. Wurtz en traitant la chlorhydrine du glycol éthylénique par la triméthylamine.

$$C^2H^4\left\langle\begin{matrix}Cl\\OH\end{matrix}\right. + Az(CH^3)^3 = Az\left\{\begin{matrix}(C^2H^4-OH)\\(CH^3)^3\end{matrix}\right., Cl$$

Chlorhydrine du glycol. Trimithylamine. Chlorure de triméthyl-hydroxéthylène-ammonium ou névrine.

Monamines primaires renfermant le résidu d'un alcool d'une atomicité supérieure à deux. — La glycéramine est la seule base de cette classe qui ait été obtenue. M. Berthelot l'a préparée en faisant réagir la dibromhydrine glycérique sur l'ammoniaque.

$$(C^3H^5)OHBr^2 + 2Az\left\{\begin{matrix}H\\H\\H\end{matrix}\right. + \left.\begin{matrix}H\\H\end{matrix}\right\}O = Az\left\{\begin{matrix}(C^3H^5)\left\langle\begin{matrix}OH\\OH\end{matrix}\right)'\\H\\H\end{matrix}\right. + HBr + AzH^4Br$$

Dibromhydrine glycérique. Ammoniaque. Eau. Glycéramine. Acide bromhydrique. Bromure d'ammonium.

Monamines secondaires. — Les monamines secondaires dérivent du type :

$$Az\left\{\begin{matrix}R'\\R\\H\end{matrix}\right.$$

1° R et R' sont deux radicaux d'alcools monoatomiques;

2° R et R' sont deux résidus monoatomiques d'alcools polyatomiques;

3° R est un radical d'alcool monoatomique, R' un résidu monoatomique d'alcool polyatomique;

4° Les monamines secondaires se rettachent au type :

$Az\left\{\begin{matrix}R''\\H\end{matrix}\right.$. R" étant un radical diatomique substitué à H^2.

De ces quatre classes de composés, la première est seule intéressante; on ne connaît qu'un seul composé appartenant à la seconde, c'est la dihydroxéthylénamine qui a été préparée par M. Wurtz en faisant réagir l'ammoniaque sur l'oxyde d'éthylène. Les composés appartenant au troisième et au quatrième groupe n'ont pas encore été obtenus.

On prépare les monamines secondaires en faisant chauffer dans un tube scellé à la lampe, un mélange d'un éther simple et d'une monamine primaire. La réaction est la même que celle qui fournit les ammoniaques primaires à l'aide de l'ammoniaque et d'un éther simple.

$$Az\left\{\begin{matrix}R\\H\\H\end{matrix}\right. + \begin{matrix}R'\\I\end{matrix} = Az\left\{\begin{matrix}R\\R',HI\\\end{matrix}\right.$$

On retire ensuite la base de son iodure en distillant avec de la chaux.

Monamines tertiaires. — Ces composés dérivent du type $Az\left\{\begin{matrix}R\\R'\\R''\end{matrix}\right.$

1° R R' R" sont trois radicaux d'alcools monoatomiques;

2° R R' R" sont des résidus monoatomiques d'alcools polyatomiques;

3° La monamine peut être de la forme $Az\left\{\begin{matrix}X\\Y\end{matrix}\right.$

X étant un radical diatomique, Y un radical monoatomique;

4° La monamine dérive de la forme AzZ; Z étant un radical triatomique.

Nous allons examiner successivement les préparations des monamines de ces divers groupes.

1. — Les monamines tertiaires dérivant de radicaux d'alcools monoatomiques s'obtiennent par le procédé de M. Hoffmann, que nous avons décrit précédemment.

En chauffant directement un éther simple et plus particulièrement un éther iodhydrique avec une base secondaire, on obtient l'ammoniaque tertiaire de l'iodure formé.

$$Az\left\{\begin{matrix}R\\R'\\H\end{matrix}\right. + \begin{matrix}R''\\I\end{matrix} = Az\left\{\begin{matrix}R\\R'HI\\R'''\end{matrix}\right.$$

La base tertiaire s'extrait de son sel comme précédemment.

On peut encore préparer les monamines tertiaires en soumettant à la distillation les hydrates ou les iodures des ammoniums quaternaires.

$$\begin{matrix}Az\,(C^2H^5)^4,\,OH & = & H^2O & + & C^2H^4 & + & Az\,(C^2H^5)^3\\ \text{Hydrate de tétréthylammonium.} & & \text{Eau.} & & \text{Ethylène.} & & \text{Triéthylamine.}\end{matrix}$$

$$\begin{matrix}Az\,(C^2H^5)^4I & = & C^2H^5I & + & Az\,(C^2H^5)^3\\ \text{Iodure de tétréthylammonium.} & & \text{Ether iodhydrique.} & & \text{Triéthylamine.}\end{matrix}$$

Enfin les monamines tertiaires se produisent dans la réaction de l'éthylate de potassium ou d'un corps homologue sur un éther cyanique.

$$Az\begin{cases}CO\\C^2H^5\end{cases} + 2\,(C^2H^5 - OK) = CO^3K^2 + Az\,(C^2H^5)^3$$

Cyanate d'éthyle. Ethylate de potassium. Carbonate de potasse. Ethylamine.

2° On ne connaît actuellement qu'un seul composé de cette catégorie, c'est la trihydroxéthylénamine qui a été obtenue par M. Würtz en faisant réagir l'oxyde d'éthylène sur l'ammoniaque.

$$3\,C^2H^4O + Az\begin{cases}H\\H\\H\end{cases} = Az\begin{cases}(C^2H^4)''OH\\(C^2H^4)''OH\\(C^2H^4)''OH\end{cases}$$

Oxyde d'éthylène. Ammoniaque. Trihydroxéthylénamine.

3° L'éthylène-phénylamine de M. Homann est le seul corps de ce groupe qui ait été préparé jusqu'ici.

4° On ne connaît pas encore aujourd'hui de bases dans lesquelles un radical triatomique provenant d'un alcool proprement dit remplacerait les trois atomes d'ydrogène. Tel serait le composé Az $(C^3H^5)'''$. Les nitriles ou éthers cyanhydriques [Az (CH), Az (C^2H^3), Az (C^3H^5)] ne peuvent être considérés comme faisant partie des amines tertiaires. Leurs combinaisons avec les acides chlorhydrique, brómhydrique, iodhydrique ne peuvent pas être en effet regardés comme de véritables sels; de plus, les nitriles donnent des amides, des sels ammoniacaux en s'unissant à une, deux molécules d'eau. Les véritables amines ne jouissent pas de cette propriété.

Hydrates d'ammoniums quaternaires. — Ces composés dérivent de l'ammonium AzH^4 dans lequel l'hydrogène est remplacé par des radicaux alcooliques; ils n'existent qu'à l'état d'hydrates, de sels haloïdes ou de sels proprement dits.

Pour les préparer, on chauffe un éther iodhydrique avec une ammoniaque tertiaire ; il se forme ainsi un iodure cristallisé de l'ammonium quaternaire.

$$Az\begin{cases}R\\R'\\R''\end{cases} + \begin{matrix}R'''\\I\end{matrix} = Az\begin{cases}R\\R'\\R''\\R'''\end{cases} I$$

L'hydrate d'ammonium ne peut pas être isolé par la distillation de l'iodure avec de la potasse, parce que cet hydrate se décompose par la chaleur ; mais si l'on fait agir l'oxyde d'argent sur une solution aqueuse de l'iodure, il se forme de l'iodure d'argent et l'hydrate reste dissous. La liqueur est filtrée, évaporée dans le vide et le composé est obtenu cristalisé.

$$2\,Az(C^2H^5)^4I + Ag^2O + H^2O = 2\,Ag\,I + 2\,[Az(C^2H^5)^4OH]$$

Iodure de tétréthylammonium.	Oxyde d'argent.	Eau.	Iodure d'argent.	Hydrate de tétréthylammonium.

Les hydrates d'ammoniums quaternaires s'appelent encore bases ammoniées.

Remarque. — Quand on soumet un éther simple à l'action d'une solution alcoolique d'ammoniaque, la réaction est loin d'être aussi simple que nous l'avons supposé. En réalité, au lieu de donner naissance seulement au premier degré de substitution, cette réaction donne tous les degrés de substitution possible et l'on obtient un mélange d'iodures d'ammoniums primaires, secondaires, tertiaires et quaternaires.

Diamines

Les diamines dérivent de deux molécules d'ammonia-

$$\text{que } Az^2 \left\{ \begin{matrix} H^2 \\ H^2 \\ H^2 \end{matrix} \right.$$

Elles se divisent en diamines primaires, secondaires et tertiaires suivant que la substitution porte sur le tiers, les deux tiers ou la totalité de l'hydrogène.

Diamines primaires. — Ces composés sont des diamines dans lesquelles un seul radical est substitué à H^2. Ce radical peut être un radical d'alcool diatomique ou un résidu diatomique dérivé d'un alcool dont l'atomocité est supérieure à deux.

Diamines dérivées des alcools diatomiques. — Ces composés s'obtiennent par l'action de l'ammoniaque sur les bromures des radicaux diatomiques ; leur mode de préparation est donc tout à fait semblable à celui des monamines que l'on obtient en faisant réagir les éthers simples des alcools monoatomiques sur l'ammoniaque.

$$(C^2H^4)''Br^2 + 2\ Az\left\{ \begin{matrix} H \\ H \\ H \end{matrix} \right. = Az^2 \left\{ \begin{matrix} C^2H^4 \\ H^2 \\ H^2 \\ H^2 \end{matrix} \right. Br^2$$

Bromure d'éthylène.	Ammoniaque.	Bromhydrate d'éthylénamine.

Dans cette réaction il se produit en même temps les bromures des ammoniums primaire, secondaire et tertiaire. Les diamines sont mises en liberté en distillant avec de la chaux et séparées ensuite les unes des autres au moyen de distillations fractionnées.

On n'a pas obtenu de diamines renfermant de résidus diatomiques dérivés d'un alcool polyatomique.

Diamines secondaires. — Les seuls composés de cette catégorie qui sont connus actuellement renferment des radicaux d'alcools diatomiques.

Les diamines secondaires se forment en même que les diamines primaires et tertiaires en faisant agir l'ammoniaque en solution alcoolique sur les bromures des radicaux diatomiques.

$$2\,(C^2H^4)Br^2 + 4\,AzH^3 = 2\,AzH^4Br + Az^2\left\{\begin{matrix}C^2H^4\\C^2H^4\\H^2\\H^2\end{matrix}\right. Br^2$$

Bromure d'éthylène.	Ammoniaque.	Bromure d'ammonium.	Bromhydrate de diéthylénamine.

Diamines tertiaires. — On a décrit précédemment le mode de préparation de ces corps.

$$3\,C^2H^4Br^2 + 6\,AzH^3 = 4\,AzH^4Br + Az^2\left\{\begin{matrix}C^2H^4\\C^2H^4\\C^2H^4\\H^2\end{matrix}\right. Br^2$$

Bromure d'éthylène.	Ammoniaque.	Bromure d'ammonium.	Bromhydrate de triéthylénamine.

Les aldéhydes de la série aromatique, soumises à l'action de l'ammoniaque, donnent naissance à de véritables diamines tertiaires; il se produit de l'eau dans la réaction.

$$3\,C^7H^6O + 2\,AzH^3 = 3\,H^2O + Az^2\left\{\begin{matrix}C^7H^6\\C^7H^6\\C^7H^6\end{matrix}\right.$$

Aldéhyde benzoïque.	Ammoniaque.	Eau.

Les corps ainsi obtenus renferment, non des radicaux de glycol, mais des radicaux d'aldéhydes ; ils sont connus sous le nom d'hydramides.

Diamides tertiaires renfermant des radicaux diatomiques et des radicaux monoatomiques. — Ces diamides sont de deux ordres : les unes contiennent des radicaux diatomiques et les autres des radicaux diatomiques d'aldéhydes.

1° On prépare celles du premier groupe en chauffant les éthers simples des alcools monoatomiques avec une diamine primaire ou secondaire : primaire, si l'on veut que le produit renferme un seul radical diatomique et quatre radicaux monoatomiques ; secondaire, si l'on veut qu'il renferme deux radicaux de chaque espèce.

2° Les diamides du second groupe ont été préparées par M. Hugo Schiff en faisant réagir l'aniline sur les aldéhydes. Ces deux corps s'unissent en éliminant de l'eau et produisant une diamine tertiaire.

$$\underset{\text{Aldéhyde.}}{2\,C^2H^4O} + \underset{\text{Aniline.}}{2\,Az\left\{\begin{matrix}C^6H^5\\ H\\ H\end{matrix}\right.} = \underset{\text{Eau.}}{2\,H^2O} + Az^2\left\{\begin{matrix}C^2H^4\\ C^2H^4\\ (C^6H^5)^2\end{matrix}\right.$$

Il se forme toujours en même temps une diamine secondaire résultant de la réaction d'une seule molécule d'aldéhyde sur deux molécules d'aniline.

Triamines.

Les triamines dérivent de trois molécules d'ammoniubue. On ne connaît dans cette catégorie que la diéthylènetriamine.

$$Az^3\left\{\begin{matrix}(C^2H^4)^2\\H^5\end{matrix}\right.$$ et la triéthylènetriamine $$Az^3\left\{\begin{matrix}(C^2H^4)^3\\H^3\end{matrix}\right.$$

Ces composés se produisent, en même temps que les amines, dans l'action du bromure d'éthylène sur l'ammoniaque.

Migrations des radicaux dans les amines. — M. Hoffmann a observé en 1872 que si l'on chauffe de 230° à 360° les chlorures, bromures, iodures des phénylammoniums mono bi et triméthylés, éthylés, etc., les groupes méthyle, éthyle, quittent successivement dans la molécule leur position primitive de radicaux typiques substitués dans $Az\,H^3$ et prennent la place de l'hydrogène du noyau phénylique.

Il en résulte ainsi qu'on passe successivement par l'action seule de la chaleur d'une amine quaternaire à une amine tertiaire, secondaire, primaire, tandis que le radical aromatique se transforme à chaque substitution en un homologue supérieur.

Ainsi l'iodure de triméthylphénylammonium $Az\,(C^6\,H^5)\,(C^3\,H^3)^3I$ chauffé dans ces conditions donne :

1° $$Az(C^6H^5)(CH^3)^3I = Az(C^6H^4 - CH^3)(CH^3)^2HI$$
Iodhydrate de diméthyl-toluidine.

2° $$Az(C^6H^5)(CH^3)^3I = Az(C^6H^3 - (CH^3)^2)CH^3H,HI$$
Iodhydrate de méthyl-xylidine.

3° Enfin on obtient de l'iodhydrate de cumidine.

$$Az(C^6H^5)(CH^3)^3I = Az(C^6H^2 - (CH^3)^3)H^2,HI$$

Il existe de nombreux exemples de ces migrations ou transpositions moléculaires dans les réactions chimiques; on doit donc se tenir en garde contre la tendance qui consiste à déduire la forme de l'édifice moléculaire, non pas des propriétés actuelles du corps que l'on considère, mais seulement de la constitution primitive de ses composants.

CHAPITRE II.

Amides

Les amides sont aux acides ce que les ammoniaques composées sont aux alcools ; ce sont des corps qui résultent du remplacement de l'hydrogène dans l'ammoniaque par un radical acide. Les amides se divisent, comme les amines, en monamides, diamides, triamides, etc. Nous suivrons dans l'étude des amides la même méthode que celle qui a été adoptée dans l'étude des amines.

ETAT NATUREL. — Elles existent dans les animaux et les végétaux sous forme d'urée, d'acide hippurique et de matières albuminoïdes.

Monamides.

Les monamides se divisent en monamides primaires, secondaires et tertiaires.

Monamides primaires. — Ces composés dérivent du type $Az \left\{ \begin{array}{l} X. \\ H. \\ H. \end{array} \right.$

X peut être : 1° un radical d'acide monoatomique ;
2° un résidu monoatomique d'acide polyatomique.

De là, deux groupes de monamides primaires bien distincts.

Monamides primaires renfermant un radical d'acide monoatomique. — Ces composés sont les plus nombreux et les mieux étudiés. Ils peuvent être obtenus par les procédés suivants :

1° En chauffant un sel ammoniacal, il se sépare une molécule d'eau et il reste une amide.

$$\left.\begin{matrix} C^2H^3O \\ AzH^4 \end{matrix}\right\} O = \left.\begin{matrix} H \\ H \end{matrix}\right\} O + Az\left\{\begin{matrix} C^2H^3O \\ H \\ H \end{matrix}\right.$$

Acétate d'ammoniaque. Eau. Acétamide.

Dans cette réaction l'ammonium perd deux atomes d'hydrogène qui s'unissent à l'oxygène typique du sel pour former de l'eau. Il reste donc, d'une part, le groupe amidogène Az H^2, c'est-à-dire de l'ammoniaque moins un atome d'hydrogène et, d'autre part, un radical monoatomique qui prend la place de cet hydrogène.

2° En faisant agir un éther composé sur l'ammoniaque en dissolution aqueuse ou alcoolique, il se produit un amide et de l'alcool.

$$\left.\begin{matrix} C^3H^5O \\ C^2H^5 \end{matrix}\right\} O + Az\left\{\begin{matrix} H \\ H \\ H \end{matrix}\right. = \left.\begin{matrix} C^2H^5 \\ H \end{matrix}\right\} O + Az\left\{\begin{matrix} C^3H^5O \\ H \\ H \end{matrix}\right.$$

Propionate d'éthyle. Ammoniaque. Alcool. Propionamide.

Cette réaction se fait plus ou moins facilement suivant les corps mis en présence ; elle exige tantôt une température élevée et tantôt elle se produit à la température ordinaire.

3° On dirige un courant de gaz ammoniac sec à travers un chlorure acide; il se forme une amide et du chlorure d'ammonium.

$$\begin{matrix} C^4H^7O \\ Cl \end{matrix} + 2Az\begin{cases} H \\ H \\ H \end{cases} = \begin{matrix} AzH^4 \\ Cl \end{matrix} + Az\begin{cases} C^4H^7O \\ H \\ H \end{cases}$$

Chlorure de butyrile. Ammoniaque. Chlorhyd. d'ammoniaque. Butyramide.

Ce procédé est surtout applicable à la préparation des amides qui sont insolubles dans l'eau ou solubles dans l'alcool, parce qu'il est facile, dans ce cas, de les séparer du chlorure d'ammonium qui se produit dans la réaction.

4° Les acides anhydres soumis à l'action de l'ammoniaque donnent naissance à une amide et à un sel ammoniacal.

$$\begin{matrix} C^2H^3O \\ C^2H^3O \end{matrix}\Big\rangle O + 2Az\begin{cases} H \\ H \\ H \end{cases} = \begin{matrix} C^2H^3O \\ AzH^4 \end{matrix}\Big\} O + Az\begin{cases} C^2H^3O \\ H \\ H \end{cases}$$

Anhydride acétique. Ammoniaque. Acétate d'ammoniaque. Acétamide.

Monamides primaires renfermant le résidu monoatomique d'un acide diatomique. — Nous examinerons successivement les amides des acides diatomiques et monobasiques et celles des acides diatomiques et bibasiques.

1° *Monamides dérivées des acides diatomique et monobasique.* — Les acides monobasique et diatomique renferment deux fois le groupement OH ; mais l'un de ces oxhydriles est acide et l'autre alcoolique, il en résulte donc que l'élimination de l'un ou l'autre de ces oxhydriles fournit deux résultats différents. L'un d'eux renferme un atome d'hydrogène basique et l'autre un atome d'hydrogène alcoolique. Les amines dérivées des acides de ce groupe sont donc neutres ou acides, selon qu'elles renferment l'un ou l'autre de ces résidus.

Ainsi l'acide glycolique est représenté par les formules

$$\left\{\begin{array}{l} CH^2-OH \\ | \\ CO-OH \end{array}\right.$$

il peut donner naissance aux deux composés amidés suivants.

$$\begin{array}{l} CH^2-AzH^2 \\ | \\ CO-OH \end{array} \qquad \begin{array}{l} CH^2-OH \\ | \\ CO-AzH^2 \end{array}$$

Monamine glycolique. Monamide glycolique.

Le premier de ces composés est un amine acide et le second un amide alcool.

Glycocolles.

Monamides acides. — On les obtient : 1° Par la méthode de M. Cahours en faisant agir l'ammoniaque en solution alcoolique sur les dérivés monochlorés ou monobromés des acides monoatomiques. Ainsi le glycocolle ou acide glycolamidique s'obtient à l'aide de l'acide chloracétique et de l'ammoniaque.

$$\begin{array}{l} CH^2-Cl \\ | \\ CO-OH \end{array} + 2AzH^3 = AzH^4Cl + \begin{array}{l} CH^2-AzH^2 \\ | \\ CO-OH \end{array}$$

Acide chloracétique. Ammoniaque. Chlorhydrate d'ammoniaque. Glycocolle.

2° Ces amides peuvent encore être préparées en combinant les aldéhydes à l'ammoniaque, mélangeant avec de l'acide cyanhydrique les produits ainsi obtenus, et soumettant le mélange à l'action de l'acide chlorhydrique; On obtient, dans ces réactions, l'amide d'un acide qui appartient à la série supérieure d'un degré à celle dont on a pris l'aldéhyde. Ainsi, avec l'aldéhyde ordinaire C^2H^4O, qui appartient à la série dont l'hydrocarbure fondamentale est l'hydrure d'éthyle C^2H^6, on obtient l'acide lactamidique (alanine) $C^3H^7AzO^2$, dont l'hydrocarbure fondamental est l'hydrure de propyle C^3H^8, homologue supérieur de l'hydrure d'éthyle.

$$\underset{\text{Aldéhyde éthylique.}}{C^2H^4O} + \underset{\text{Acide cyanidrique.}}{CAzH} + \underset{\text{Eau.}}{H^2O} = \underset{\text{Acide lactamidique ou alanine.}}{Az\left\{\begin{matrix}(C^3H^4O)''OH \\ H \\ H\end{matrix}\right.}$$

Cette méthode n'est applicable que dans la série grasse; dans la série aromatique, on obtient ainsi, au lieu des amides, leurs acides générateurs.

3° Dans la série aromatique les amides peuvent être obtenus en soumettant les dérivés mononitrés des acides monoatomiques à l'action des corps réducteurs comme le sulfure d'ammonium, l'acétate de fer, l'hydrogène naissant, etc.

4° Citons encore comme préparation du glycocolle l'hydratation de certains corps qui existent tout formés dans les sécrétions animales. Ces corps sont des amides mixtes qui renferment outre le radical $C^2H^3O^2$ le radical d'un autre acide. Les agents d'hydratation les dédoublent en cet autre acide et glycocolle.

$$\begin{array}{l} CH^2 - AzH(C^7H^5O) \\ | \\ CO - OH \end{array} + \left.\begin{array}{l} H \\ H \end{array}\right\} O = \begin{array}{l} CH^2 - AzH^2 \\ | \\ CO - OH \end{array} + \left.\begin{array}{l} C^7H^5O \\ H \end{array}\right\} O$$

Benzoyl-glycocolle Eau. Glycocolle. Acide hippurique.

Guanine.

La guanine est à la xanthine ce que les acides amidés sont aux acides dont ils dérivent.

$$C^5H^4Az^4O^2 - HO + AzH^2 = C^5H^5Az^5O$$

Xanthine. Oxydryle. Amidogène. Guanine.

$$C^3H^6O^3 - HO + AzH^2 = C^3H^7AzO^2$$

Acide lactique. Oxydryle. Amidogène. Acide lactamique (alanine).

État naturel. — Ce corps fut découvert par Unger qui le retira du guano et le confondit avec la xanthine.

Strecker délaie le guano dans H^2O et y verse un lait de chaux, ce mélange est porté à l'ébullition ; la liqueur brune est passée à l'étamine, et le traitement à la chaux est renouvelé aussi souvent que la liqueur se colore. On dissout aussi dans le lait de chaux la matière colorante, les acides volatils et d'autres substances indéterminées. Ce résidu renferme la guanine et l'acide urique. On épuise par des solutions de carbonate de soude. Les liquides réunis sont traités par l'acétate de soude et HCl jusqu'à forte réaction acide.

La guanine et l'acide urique se précipitent. On lave à l'eau, on reprend par HCl moyennement étendu et bouillant. Puis on filtre, on évapore et on fait cristalliser. Le chlorhydrate de guanine cristallisé renferme de l'acide urique. On décompose par une solution étendue d'ammoniaque et, à l'ébullition, on traite par l'acide azotique qui décompose l'acide urique et forme l'azotate de guanine que l'on décompose par AzH^3. On obtient ainsi la guanine pure sous forme de poudre cristalline jaune.

Monamides neutres. — On ne connaît que la glycolamide et la lactamide qui se forment par l'action de l'ammoniaque sur les anhydrides glycolique et lactique.

$$\begin{matrix} CH^2 \\ | \\ CO \end{matrix}\!\!>O + AzH^3 = \begin{matrix} CH^2 - OH \\ | \\ CO - AzH^2 \end{matrix}$$

Anhydride glycolique. Ammoniaque. Glycolamide.

$$(C^3H^4O)''O + Az\begin{cases} H \\ H \\ H \end{cases} = Az\begin{cases} (C^3H^4O)''OH \\ H \\ H \end{cases}$$

Anhydride lactique. Ammoniaque. Lactamide.

Monamides dérivées des acides diatomiques et bibasiques. — Un acide diatomique et bibasique peut être considéré comme un groupement renfermant deux fois l'oxhydrile OH dont l'hydrogène est remplaçable par des métaux alcalins. En faisant perdre à un pareil corps un seul des oxhydriles qu'il renferme on obtient un résidu fonctionnant comme radical monoatomique.

Ainsi l'acide oxalique est représenté par la formule $\begin{matrix} CO\text{-}OH \\ | \\ CO\text{-}OH \end{matrix}$, si on enlève OH, le groupement C^2O^2-OH est monoatomique ; dans ce cas, on ne peut avoir qu'une seule série d'amides, tandis que l'on en obtient deux avec les acides alcools.

On les prépare de la manière suivante :

1° En distillant avec précaution un sel ammoniacal acide

$$\begin{array}{l} CO - OH \\ | \\ CO - OAzH^4 \end{array} = H^2O + Az\left\{\begin{array}{l}(C^2O^2)'' - OH \\ H \\ H\end{array}\right.$$

Acétate acide d'ammonium. — Eau. — Acide oxamique.

2° En distillant un imide avec de l'eau :

$$\left.\begin{array}{r}(C^4H^4O^2)'' \\ Ag\end{array}\right\}Az + \left.\begin{array}{r}H \\ H\end{array}\right\}O = Az\left\{\begin{array}{l}(C^4H^4O^2)''OAg \\ H \\ H\end{array}\right.$$

Succinimide argentique. — Eau. — Succinamate d'argent.

3° En décomposant une diamide dérivée du même acide par une quantité d'alcali inférieure de moitié à celle qu'exigerait la décomposition complète de ce corps.

$$C^4H^4O^2\left\{\begin{array}{l}AzH^2 \\ AzH^2\end{array}\right. + \left.\begin{array}{r}K \\ H\end{array}\right\}O = C^4H^4O^2\left\{\begin{array}{l}OK \\ AzH^2\end{array}\right. + Az\left\{\begin{array}{l}H \\ H \\ H\end{array}\right.$$

Succino-diamide. Potasse. — Succinamate de potasse. — Ammoniaque.

Monamides secondaires. — Les monamides secondaires dérivent du type $Az\left\{\begin{array}{l}X \\ Y \\ H\end{array}\right.$; X et Y peuvent être :

1° Deux radicaux d'acides monoatomiques.

2° Deux résidus monoatomiques d'acides polyatomiques ;

3° Un radical d'acide monoatomique et un résidu d'acide polyatomique.

4° Une monamide secondaire peut encore être représentée par le type $Az\left\{\begin{array}{l}Z \\ H\end{array}\right.$, Z représentant un radical diatomique.

Nous allons examiner successivement ces différents cas.

Monamides secondaires renfermant deux radicaux d'acides monoatomiques. — Ces amides se préparent :

1° En faisant agir les chlorures acides sur les amides primaires ;

$$Az\left\{\begin{matrix}C^2H^3O\\H\\H\end{matrix}\right. + \begin{matrix}C^2H^3O\\Cl\end{matrix} = HCl + Az\left\{\begin{matrix}C^2H^3O\\C^2H^3O\\H\end{matrix}\right.$$

Acétamide. Chlorure d'acétyle. Diacétamide.

2° A une température élevée l'acide chlorhydrique fournit des diamides en réagissant sur les amides primaires.

$$2\,Az\left\{\begin{matrix}C^2H^3O\\H\\H\end{matrix}\right. + \begin{matrix}H\\Cl\end{matrix} = AzH^4Cl + Az\left\{\begin{matrix}C^2H^3O\\C^2H^3O\\H\end{matrix}\right.$$

Acétamide. Acide chlorhydrique. Chlorure d'ammonium. Diacétamide.

Monamides secondaires renfermant deux résidus monoatomiques d'acides polyatomiques. — Ces composés ont été peu étudiés, M. Heinz a montré qu'ils se produisaient en même temps que les monamides primaires, de même nature qu'eux, en traitant les dérivés monochlorés ou monobromés des acides monoatomiques par l'ammoniaque.

$$2\,C^2H^3O^2Cl + 3\,AzH^3 = 2\,AzH^4Cl + Az\left\{\begin{matrix}(C^2H^2O)'OH\\(C^2H^2O)'OH\\H\end{matrix}\right.$$

Acide chloracétique. Ammoniaque. Chlorure d'ammonium. Acide diglycolamidique.

Monamides secondaires mixtes renfermant un radical d'acide monoatomique et un résidu monoatomique d'acide polyatomique. — Ces composés s'obtiennent en traitant par un chlorure d'acide monoatomique une monamide acide primaire.

Exemple : le chlorure de benzoïle en réagissant sur le glycocolle fournit de l'acide hippurique.

$$Az\begin{cases}(C^2H^2O)''OH \\ H \\ H\end{cases} + C^7H^5OCl = HCl + Az\begin{cases}(C^2H^2O)''OH \\ C^7H^5O \\ H\end{cases}$$

Glycocolle. Chlorure de benzoïle. Acide hippurique.

Acide hippurique. — ÉTAT NATUREL. — Il se trouve dans l'urine des herbivores, dans l'urine humaine en petite quantité.

Synthèse. — La synthèse de ce composé a été opérée par Iazukowilsch en traitant l'acide chloracétique par la benzamide, chauffant le mélange à 160° en tubes clos on a :

$$\begin{matrix}CH^2.Cl \\ | \\ CO.OH\end{matrix} + Az\begin{cases}C^7H^5O \\ H^2.\end{cases} = \begin{matrix}CH^2.AzH.OC^7H^5 \\ | \\ CO.OH\end{matrix} + HCl$$

Acide chloracétique. Benzamide. Acide hippurique. Acide chlorhydrique.

Préparation. — On concentre les urines des herbivores au sixième de leur volume à une douce chaleur, puis on ajoute HCl en fort excès ; l'acide hippurique se précipite. Ce précipité est traité par un lait de chaux filtré, puis traité par excès de carbonate de potasse ; la liqueur est ensuite traitée par du chlorure de calcium et de l'acide chlorhydrique. L'acide se précipite alors à peu près incolore.

Lœwe ajoute du sulfate de zinc à l'urine de cheval, réduit le tout au sixième du volume, filtre, lave à l'eau froide, redissout dans l'eau bouillante, et précipite ensuite par l'acide chlorhydrique.

Monamides secondaires renfermant un radical diatomique substitué à H^2 — Ces composés portent encore le nom d'imides. On les obtient par les procédés suivants :

1° En décomposant les diamides par la chaleur.

$$Az^2\begin{cases}(C^4H^4O^2)''\\H^2\\H^2\end{cases} = AzH^3 + Az\begin{cases}(C^4H^4O^2)''\\H\end{cases}$$

Succinodiamide. Ammoniaque. Succinimide.

2° En faisant agir l'ammoniaque sur l'anhydride d'un acide diatomique et bibasique.

$$(C^4H^4O^2)''O + Az\begin{cases}H\\H\\H\end{cases} = H^2O + Az\begin{cases}(C^4H^4O^2)''\\H\end{cases}$$

Anhydride succinique. Ammoniaque. Succinimide.

3° En chauffant les sels ammoniacaux acides des acides bibasiques.

$$\begin{matrix}(C^4H^4O^2)''\\(AzH^4)H\end{matrix}\Big\} O^2 = 2\,\begin{matrix}H\\H\end{matrix}\Big\}O + Az\begin{cases}(C^4H^4O^2)''\\H\end{cases}$$

Bisuccinate d'ammoniaque. Eau. Succinimide.

Monamides tertiaires. — Dans ces composés l'hydrogène peut être remplacé :

1° Par trois radicaux d'acides monoatomiques ;

2° Par trois résidus d'acides polyatomiques ;

3° Par des radicaux de l'un et l'autre groupe ;

4° Par un radical triatomique.

Premier cas. — Ces composés peuvent s'obtenir en chauffant un nitrile avec l'acide anhydre correspondant.

$$AzC^2H^3 + \begin{matrix} C^2H^3O \\ C^2H^3O \end{matrix}\Big\} O = Az\begin{cases} C^2H^3O \\ C^2H^3O \\ C^2H^3O \end{cases}$$

Acétonitrile. Anhydride. Triacitamide.

On ne connaît guère de monamides tertiaires appartenant au deuxième et au troisième groupes.

On n'a pu jusqu'à présent obtenir des monamides tertiaires renfermant un radical triatomique qui appartiennent au groupe aromatique.

Nous citerons le protoxyde d'azote parmi les composés minéraux qui appartiennent a cette classe.

$$AzO''Az = AzO^3(AzH^4) - 2\,H^2O$$

Protoxyde d'azote. Azotate d'ammonium. Eau.

Diamides.

Ces composés dérivent du type $Az^2\begin{cases} H^2. \\ H^2. \\ H^2. \end{cases}$ Ils peuvent, de même, que les monamides se diviser en diamides primaires, secondaires et tertiaires.

Diamdes primaires. — Les diamides primaires correspondent aux sels neutres ammoniacaux des acides bibasiques. On peut les obtenir :

1° En soumettant à l'action de la chaleur les sels ammoniacaux neutres des acides bibasiques; deux molécules d'eau s'éliminent et la diamide reste comme résidu.

$$\left.\begin{array}{l}C^2O^4\\(AzH^4)^2\end{array}\right\}O^2 = 2\left.\begin{array}{l}H\\H\end{array}\right\}O + Az^2\left\{\begin{array}{l}(C^2O^2)''\\H^2\\H^2\end{array}\right.$$

Oxalate d'ammoniaque neutre. Eau. Oxamide.

2° Par la réaction de l'ammoniaque sèche sur le chlorure de l'acide

$$COCl^2 + 4\ Az\left\{\begin{array}{l}H\\H\\H\end{array}\right. = 2\ AzH^4Cl + Az^2\left\{\begin{array}{l}(CO)''\\H^2\\H^2\end{array}\right.$$

Chlorure de carbonyle. Ammoniaque. Chlorure d'ammonium. Urée ou diamide carbonique.

3° Par la combinaison directe de l'ammoniaque avec les acides

$$Az\left\{\begin{array}{l}CO\\H\end{array}\right. + Az\left\{\begin{array}{l}H\\H\\H\end{array}\right. = Az^2\left\{\begin{array}{l}(CO)''\\H^2\\H^2\end{array}\right.$$

Carbimide ou acide cyanique. Diamide carbonique ou urée.

4° Par l'action de l'ammoniaque sur les éthers neutres des acides bibasiques

$$\left.\begin{array}{l}C^2O^2\\(C^2H^5)^2\end{array}\right\}O^2 + 2\ Az\left\{\begin{array}{l}H\\H\\H\end{array}\right. = 2\left.\begin{array}{l}C^2H^5\\H\end{array}\right\}O + Az^2\left\{\begin{array}{l}C^2O^2\\H^2\\H^2\end{array}\right.$$

Ether oxalique. Ammoniaque. Alcool. Oxamide.

Diamides secondaires. — Les diamides secondaires résultent du remplacement de $2H^2$ dans deux molécules d'ammoniaque par des radicaux acides. Ces $2H^2$ peuvent être remplacés :

1° Par deux radicaux diatomiques renfermant ou non de l'oxhydrile ;

2° Par un radical diatomique et deux radicaux monoatomiques ;

3° Par un radical triatomique et un radical monoatomique ;

4° Par un radical tétratomique ;

Il est facile de concevoir l'existence de ces différents composés. Aucun corps de cette classe n'a été obtenu jusqu'à ce jour ; mais on connaît des diamides que l'on pourrait appeler hémi-secondaires dans lesquelles trois atomes d'hydrogène seulement sont remplacées soit par un radical diatomique et un radical monoatomique, soit par un radical triatomique.

Parmi ces composés nous citerons l'urée acétylique

$$Az^2\begin{cases}(CO)''\\ C^2H^3O\\ H^3\end{cases}$$ et la phosphamide $$Az^2\begin{cases}(PhO)'''\\ H^3\end{cases}$$

Diamides tertiaires. — La théorie permet de prévoir l'existence d'un nombre très considérable de composés appartenant à cette catégorie. On ne connaît toutefois que les diamides tertiaires qui résultent de la substitution de trois radicaux d'acides diatomiques et bibasiques à H^6, ou d'un radical diatomique à H^2 et de quatre radicaux monoatomiques à H^4.

C'est ainsi que l'on connaît la trisuccinamide :

$$Az^2\begin{cases}(C^4H^4O^2)''\\ (C^4H^4O^2)''\\ (C^4H^4O^2)''\end{cases}$$

et la benzamyldisulfophénylsuccinodiamide.

$$Az^2\begin{cases}(C^4H^4O^2)''\\ (C^6H^5SO^2)'^2\\ (C^7H^5O)'\end{cases}$$

Triamides.

Ces composés dérivent des sels triammoniques des acides tribasiques par la séparation de $3H^2O$; ils peuvent s'obtenir, comme les amides précédents, soit par l'action de l'ammoniaque sur le trichlorure d'un radical d'acide triatomique, soit par l'action de cette même ammoniaque sur l'éther trialcoolique de cet acide.

On peut concevoir l'existence de triamides primaires, secondaires et tertiaires ; ces produits sont à peine connus.

Alcalamides.

Les alcalamides sont des corps qui dérivent de l'ammoniaque par substitution à l'hydrogène de plusieurs radicaux dont les uns sont négatifs et les autres positifs. On les divise, comme les amines et les amides, en monalcalamides, diacalamides, triacalamides suivant qu'ils dérivent d'une, de deux, de trois molécules d'ammoniaque.

Monalcalamides. — Les monalcalamides dérivent du type $Az\left\{\begin{matrix}X.\\Y.\\H.\end{matrix}\right.$ X est un radical acide, Y un métal ou un radical alcoolique. De là, deux classes de monalcalamides

1° Monalcalamides secondaires métalliques. — Nous citerons dans cette classe l'azoture de sulfophényle d'hydrogène et d'argent.

$$Az\left\{\begin{matrix}(C^6H^5SO^2)'\\H\\Ag\end{matrix}\right.$$

Ces composés s'obtiennent en faisant réagir les monamides primaires sur les oxydes métalliques.

2° Monalcalamides secondaires à radicaux alcooliques. — Ces composés sont obtenus au moyen de réactions tout à fait analogues à celles qui fournissent les amides primaires en remplaçant toutefois, dans ces réactions, l'ammoniaque par une monamide primaire.

1° On soumet à l'action de la chaleur un sel de monamide primaire et d'acide monobasique

$$\left.\begin{matrix}C^7H^5O\\C^6H^5AzH^3\end{matrix}\right\}O = \left.\begin{matrix}H\\H\end{matrix}\right\}O + Az\left\{\begin{matrix}C^7H^5O\\C^6H^5\\H\end{matrix}\right.$$

Benzoate de phénylammonium. Eau. Benzanilide.

2° On traite une monamine primaire par un chlorure d'acide monatomique

$$C^2H^3O.Cl + 2\,Az\left\{\begin{matrix}CH^3\\H\\H\end{matrix}\right. = Az\left\{\begin{matrix}C^2H^3O\\CH^3\\H\end{matrix}\right. + Az\left\{\begin{matrix}CH^3\\H\\H\end{matrix}\right.,\ HCl$$

Chlorure d'acétyle. Méthylamine. Méthylacétamide. Chlorhydrate de méthylamine.

3° On fait agir une monamine primaire sur un éther composé d'acide monoatomique.

$$\left.\begin{matrix}C^2H^3O\\C^2H^5\end{matrix}\right\}O + Az\left\{\begin{matrix}C^2H^5\\H\\H\end{matrix}\right. = C^2H^5-OH + Az\left\{\begin{matrix}C^2H^3O\\C^2H^5\\H\end{matrix}\right.$$

Acétate d'éthyle. Ethylamine. Alcool. Ethyl-acétamide.

Monalcalamides tertiaires. — Ces composés dérivent du groupe AzH^3 dans lequel trois atomes d'hydrogène sont remplacés:

1° H^2 par deux radicaux acides ou un radical acide diatomique et H par un métal monoatomique ou un radical alcoolique;

2° H par un radical acide monoatomique et H^2 par des radicaux alcooliques.

Il est facile de concevoir que le nombre des monalcalamides tertiaires puisse être trè considérable.

Les composés de la forme $Az\left\{\begin{matrix}X^2\\Y\end{matrix}\right.$, X étant un radical d'acide monoatomique s'obtiennent:

1° Par l'action des chlorures acides sur les alcalis secondaires:

$$Az\left\{\begin{matrix}C^7H^5O\\C^6H^5\\H\end{matrix}\right. + C^7H^5OCl = Az\left\{\begin{matrix}C^7H^5O\\C^7H^5O\\C^6H^5\end{matrix}\right. + HCl$$

Phényl-benzamide. — Chlorure de benzoïle. — Phényl-dibenzamide. — Acide chlorhydrique.

2° Par l'action des anhydrides des acides monoatomiques sur les éthers cyaniques:

$$\left.\begin{matrix}C^2H^3O\\C^2H^3O\end{matrix}\right\}O + Az\left\{\begin{matrix}(CO)''\\C^2H^5\end{matrix}\right. = Az\left\{\begin{matrix}C^2H^3O\\C^2H^3O\\C^2H^5O\end{matrix}\right. + CO^2$$

Anhydride acétique. — Cyanate d'éthyle. — Ethyl-diacétamide. — Acide carbonique.

Parmi les monalcalamides tertiaires de la forme $Az\left\{\begin{matrix}X\\X'\\Y\end{matrix}\right.$

X et X' étant deux radicaux alcooliques et Y un radical acide, on ne connaît que ceux dans lesquels Y est remplacé par

CAz. Ces composés s'obtiennent en faisant réagir le chlorure de cyanogène sur les monamines secondaires.

$$Az\begin{cases}C^4H^5\\C^6H^5\\H\end{cases} + CAzCl = Az\begin{cases}CAz\\C^6H^5\\C^4H^5\end{cases} + HCl$$

Ethyl-phénylamine. Chlorure de cyanogène. Ethyl-phényl-cyanamide. Acide chlorhyd

Dialcalamides.

Ces composés dérivent du type Az^2H^6 ; le nombre des corps appartenant à cette classe est théoriquement considérable. On conçoit, en effet, l'existence possible :

1° De dialcalamides secondaires dans lesquelles H^4 seraient remplacés par deux radicaux diatomiques, l'un acide et l'autre alcoolique ;

2° De di[illegible]calamides dans lesquelles H^2 seraient remplacées par un radical acide diatomique et deux autres H par deux radicaux alcooliques monoatomiques, etc.

Il n'y a qu'un petit nombre de ces corps qui soient actuellement connus; nous citerons seulement les procédés de préparation des composés renfermant un radical acide diatomique et deux radicaux alcooliques monoatomiques. Exemple :

$$Az^2\begin{cases}(C^4O^4)''\\(C^4H^5)^2\\H^2\end{cases} \text{(diéthyl-oxamide).}$$

Les corps appartenant à cette catégorie s'obtiennent :

1° En chauffant le sel neutre d'un acide bibasique et d'un alcaloïde primaire :

$$\left.\begin{matrix}(C^2O^2)'' \\ (C^2H^5.AzH^4)^2\end{matrix}\right\} O = 2H^2O + Az^2 \left\{\begin{matrix}(C^2O^2)'' \\ (C^2H^5)^2 \\ H^2\end{matrix}\right.$$

Oxalate d'éthyl-ammonium. — Eau. — Diéthyl-oxamide.

2° Par l'action des monamines primaires sur les chlorures des radicaux acides diatomiques :

$$COCl^2 + 4Az\left\{\begin{matrix}C^6H^5 \\ H \\ H\end{matrix}\right. = 2\left(Az\left\{\begin{matrix}C^6H^5 \\ H \\ H\end{matrix}\right., HCl\right) + Az^2\left\{\begin{matrix}(CO)'' \\ (C^6H^5)^2 \\ H^2\end{matrix}\right.$$

Chlorure de carbonyle. — Aniline. — Chlorhydrate d'aniline. — Diphényl-carbamide.

Dialcalamides tertiaires. — Ces composés dérivent du groupement $Az^2\left\{\begin{matrix}H^2 \\ H^2 \\ H^2\end{matrix}\right.$ dans lequel tout l'hydrogène est remplacé soit par des radicaux acides ou alcooliques, un d'eux au moins étant diatomiqu .. Exemple : la tétréthylurée

$$Az^2\left\{\begin{matrix}('H^5)^4 \\ O)''\end{matrix}\right.$$

Ces composés sont encore peu connus.

Trialcalamides.

Ces composés dérivent du groupe $Az^3\left\{\begin{matrix}H^3 \\ H^3 \\ H^3\end{matrix}\right.$; il est facile de concevoir l'existence d'un grand nombre de composés appartenant à cette catégorie ; mais comme on n'en connaît encore qu'un très petit nombre, nous nous contentons de signaler leur existence.

CHAPITRE III.

De l'urée (1).

Urée (*Amide carbonique*). $COAz^2H^4$. — Rouelle, le cadet, en 1773 signalait pour la première fois ce principe cristallisé de l'urine et lui donnait le nom d'*extrait savonneux de l'urine.*

Fourcroy et Vauquelin en 1799 en firent une étude approfondie, lui donnèrent le nom d'*urée*, constatèrent sa transformation en ammoniaque, sa cristallisation par l'addition d'acide azotique, etc. La préparait par concentration de l'urine et par dissolution du résidu dans l'alcool. Elle possédait une consistance de miel épais, formée de lames cristallines entre-croisées d'une couleur jaunâtre, d'une odeur fétide et d'une saveur forte et âcre.

En 1810, William Prout fit une analyse complète de l'urée, en décrivit les propriétés et indiqua le procédé actuellement suivi pour sa préparation, qui consiste à décomposer l'azotate d'urée par le carbonate de potassium et à reprendre le résidu sec par l'alcool concentré et bouillant qui dissout l'urée et l'abandonne par concentration.

Proust, chimiste français décomposait l'azotate d'urée par le carbonate de plomb.

(1) Bien que l'urée soit une diamide et par conséquent devrait rentrer dans le chapitre qui précède, son rôle important dans l'organisme et les nombreux dérivés qui en découlent nous ont engagé à en faire une étude particulière.

Vauquelin montra que l'urée dans sa transformation en carbonate d'ammonium, absorbe les éléments de l'eau, et M. Dumas, rapprochant l'urée de l'oxamide, fit voir qu'elle représente du carbonate d'ammonium moins de l'eau.

M. Würtz par ses recherches sur les éthers cyaniques et les urées composées confirma les idées de Vauquelin et de Dumas.

Wöhler, en 1828, en effectua la synthèse par l'union de l'acide cyanique et de l'ammoniaque.

Si le cyanate d'ammonium est l'isomère de l'urée retirée des urines, on peut dire que quelques jours suffisent pour transformer la solution de cyanate d'ammonium en urée.

Il y a migration des éléments AzH^2 — CO — AzH^2.

Etat naturel. — L'urée se trouve dans l'urine de l'homme (environ 25 à 30 grammes par litre d'urine) et des carnivores, mais aussi en petite quantité dans celle des oiseaux, des reptiles et dans un grand nombre des liquides de l'économie.

Dans le sang des chiens dont on a extirpé les reins (Prévost et Dumas).

Dans le sang des cholériques (Marchand).

Dans la liqueur amniotique de la femme (Wöhler, J. Régnault).

Dans les liquides des hydropisies (Marchand).

Dans le chyle et la lymphe des chiens et autres animaux Würtz).

Dans l'humeur vitrée de l'œil, dans la bile. dans la salive (Pettenkofer), et même dans le lait des herbivores (Lefort), etc..

Mode de production. — 1° Par le dédoublement de l'acide (urique et de ses dérivés.)

2° Par l'action des alcalis sur la créatine;

3° Par la distillation sèche de l'acide urique (Liébig);

4° Par l'oxydation de l'oxamide (Williamson);

5° Par l'oxydation des matières albuminoïdes (Ritter), etc.

Synthèses de l'urée.

(Wœhler). 1° En mélangeant des solutions de cyanate de potassium et de sulfate ammonique. On produit de l'urée.

$$\left.\begin{matrix}CO\\H\end{matrix}\right\rangle Az''' + \left.\begin{matrix}H\\H\\H\end{matrix}\right\} Az = \left.\begin{matrix}CO\\H^2\\H^2\end{matrix}\right\} Az^2. \text{ — Urée.}$$

Acide cyanique. Ammoniaque.

2° On fait agir l'ammoniaque sur le carbonate d'éthyle.

$$\left.\begin{matrix}(C^2H^5)^2\\O''\end{matrix}\right\rangle O^2 + 2(AzH^3) = \left.\begin{matrix}CO''\\H^2\\H^2\end{matrix}\right\} Az^2 + \left(\left.\begin{matrix}C^2H^5\\H\end{matrix}\right\} O\right)^2$$

Carbonate d'éthyle. Ammoniaque. Urée. Alcool.

3° En faisant réagir AzH^3 sur le chlorure de carbonyle.

$$CO\left\langle\begin{matrix}Cl\\Cl\end{matrix}\right. + 4(AzH^3) = \left(\begin{matrix}AzH^4\\Cl\end{matrix}\right)^2 + \left.\begin{matrix}CO''\\H^2\\H^2\end{matrix}\right\} Az^2$$

Chlorure de carbonyle. Ammoniaque. Chlorure d'ammonium. Urée.

4° En chauffant l'oxamide avec l'oxyde de mercure. Quand la masse est grisâtre, on reprend par H^2O bouillante, on filtre et on fait cristalliser (Williamson).

$$\left.\begin{matrix}(CO-CO)''\\ H^2\\ H^2\end{matrix}\right\}Az^2 + Hg''O = Hg + CO^2 + \left.\begin{matrix}CO\\ H^2\\ H^2\end{matrix}\right\}Az^2$$

Oxamide. Oxyde de mercure. Mercure. Acide carbonique. Urée.

5° On donne naissance au nitrate d'urée en versant de l'acide azotique dans une solution éthérée de cyanamide.

$$\left.\begin{matrix}CAz.\\ H^2\end{matrix}\right\}Az + \left.\begin{matrix}H\\ H\end{matrix}\right\}O = \left.\begin{matrix}CO''\\ H^4\end{matrix}\right\}Az^2.$$

Cyanamide. Eau. Urée.

6° En chauffant en tubes clos entre (130°-140°) le carbamate d'ammonium.

$$CO\begin{matrix}\diagup AzH^2.\\ \diagdown OAzH^4\end{matrix} = CO\begin{matrix}\diagup AzH^2\\ \diagdown AzH^2\end{matrix} + H^2O.$$

Carbamate d'ammonium. Urée. Eau.

Urées composées.

Urées du type : Az^2H^4. 1° *Urées monoalcooliques.* — Faisant réagir l'acide cyanique sur les monamines primaires.

$$\left.\begin{matrix}CO''\\ H\end{matrix}\right\rangle Az + \left.\begin{matrix}C^2H^5\\ H\\ H\end{matrix}\right\rangle Az = \left.\begin{matrix}C^2H^5.H\\ H^2\\ CO''\end{matrix}\right\}Az^2.$$

Acide cyanique. Ethyl-amine. Ethyl-urée. (Hoffmann et Wurtz.)

2° Faisant réagir du cyanate d'éthyle sur de l'ammoniaque.

$$COAzC^2H.^5 + AzH^3 = \left.\begin{matrix}CO''\\ C^2H^5\\ H^3\end{matrix}\right\}Az^2$$

Cyanate d'éthyle. Ammoniaque. Ethyl-urée.

2° Urées dialcooliques. — 1° Faisant réagir une monamine primaire sur un éther cyanique.

$$\left.\begin{matrix}C^2H^5\\H\\H\end{matrix}\right\}Az + \begin{matrix}CO\\C^2H^5\end{matrix}\Big>Az = \left.\begin{matrix}CO''\\(C^2H^5)^2\\H^2\end{matrix}\right\}Az^2$$

Ethyl-amine. Cyanate d'éthyle. Diéthyl-urée.

2° Faisant réagir l'eau sur les éthers cyaniques.

$$\left(\begin{matrix}CO''\\(C^2H^5)\end{matrix}Az\right)^2 + \begin{matrix}H\\H\end{matrix}\Big>O = \left.\begin{matrix}CO''\\(C^2H^5)^2\\H^2\end{matrix}\right\}Az^2 + CO^2.$$

Cyanate d'éthyle. Eau. Diéthyl-urée. Acide carbonique.

3° Toutes les réactions donnant naissance aux urées monoalcooliques donnent naissance aux urées di et trialcooliques.

Urées à radicaux alcooliques diatomiques.

Ces urées ont été obtenues par Volhardt en faisant réagir des sels de diamines sur le cyanate d'argent. Ce sont des diurées, c'est-à-dire qu'elles résultent de l'union de deux molécules d'urée, soudées par le radical alcoolique diatomique, aussi l'éthylène urée a pour formule :

$$C^2H^4\Big<\begin{matrix}AzH-CO-AzH^2.\\AzH-CO-AzH^2.\end{matrix}$$

Urée éthylénique.

Urées à radicaux hydrocarbonées, résidus d'aldéhydes.

L'urée réagit sur les aldéhydes et s'y fixe avec élimination de H^2O. Cette réaction observée par Gerhardt d'abord, a été surtout étudiée depuis par Hugo Schiff.

Faisons réagir une aldéhyde quelconque :

C^nH^mO sur une solution aqueuse ou alcoolique d'urée, nous aurons :

$$\underset{\text{Aldéhyde,}}{C^nH^mO} + \underset{\text{Urée.}}{2COAz^2H^4} = \underset{\text{Urée aldéhydique.}}{C^nH^m\left\langle{AzH - CO - AzH^2 \atop AzH - CO - AzH^2}\right.} + H^2O$$

Si on emploie l'urée en poudre, on obtient une diurée :

$$\underset{\text{Aldéhyde.}}{2C^nH^mO} + \underset{\text{Urée.}}{3COAz^2H^4} =$$

$$\underset{\text{Diurée.}}{CO\left\langle{AzH - C^nH^m - AzH - CO - AzH^2 \atop AzH - C^nH^m - AzH - CO - AzH^2}\right.} + (H^2O)^2$$

Urées à radicaux acides.

M. Zinin a obtenu des urées à radicaux acides en chauffant de l'urée avec des chlorures de radicaux acides.

$$\underset{\text{Urée.}}{\left.{(CO)'' \atop {H^2 \atop H^2}}\right\}Az^2} + \underset{\text{Chlorure d'acétyle.}}{\left.{C^2H^3O \atop Cl}\right\}} = \underset{\text{Acétylurée.}}{\left.{(CO)'' \atop {C^2H^3O.H \atop H^2}}\right\}Az^2} + \underset{\text{Acide chlorhydrique.}}{{H \atop Cl}}$$

Acides uramiques.

1° Ils l'obtiennent en faisant réagir sur un cyanate le chlorhydrate d'une amine acide comme le glycocolle.

$$CO^2H - CH^2 - AzH^2.HCl + \begin{matrix} CO \\ K \end{matrix} \rangle Az = KCl.$$

Chlorhydrate de glycocolle. Cyanate de potassium.

$$+ \begin{matrix} CH^2 - AzH - COAzH^2 \\ | \\ CO^2H \end{matrix}$$

Acide hydantoïque.

2° En chauffant de l'urée à 125° avec l'amine acide :

$$CO^2H - CH^2 - AzH^2 + COAz^2H^4 = AzH^3 + \begin{matrix} CH^2 - AzH - COAzH^2 \\ | \\ CO^2H. \end{matrix}$$

Glycocolle. Urée. Ammoniaque. Acide hydantoïque.

Ces acides uramiques représentent un sel d'urée moins une molécule d'eau.

Les uréïdes représentent une molécule d'un sel d'urée moins deux molécules d'eau.

Uréïdes.

Les uréïdes proviennent de la substitution de (AzH-CO-AzH) aux deux hydrogènes d'un acide diatomique. Aussi la lactyl-urée est un uréïde :

$$CH^3 - CH - AzH \searrow \atop | \qquad\qquad CO'' \atop CO - AzH \nearrow$$

Lactyl-urée.

M. Grimaux à réalisé la synthèse de l'allantoïne. On chauffe au bain-marie pendant quelques heures de l'urée et de l'acide glyoxylique, on lave à l'alcool et on fait cristalliser.

Cette synthèse prouve bien que la constitution de l'allantoïne est la suivante :

$$CH\begin{cases} AzH - CO - AzH^2 \\ AzH \searrow \\ \qquad\qquad CO = C^4H^6Az^4O^3 \\ CO - AzH \nearrow \end{cases}$$

Allantoïne.

Méthy-allantoïne. — La méthyl-allantoïne s'obtient dans l'oxydation de l'acide méthyl-urique au moyen du permanganate de potasse.

Sa formule est :

$$C^4H^5.(CH^3)Az^4O^3$$

Méthylallantoïne.

Acide allantoxanique. — Le sel de potassium de cet acide s'obtient en oxydant l'allantoïne par le ferricyanure de potassium. $C^4H^2Az^3O^4K$.

Allantoxoïdine. — Décomposant l'acide allantoxanique par l'eau bouillante. $C^4H^3Az^3O^2$.

Acide allantoïque. — Mulder abandonne pendant quelques jours une solution d'allantoïne dans la potasse.

Urées dérivées d'acides alcools.

Ces acides donnent naissance à deux séries de composés uriques.

1° Substitution porte sur l'hydrogène alcoolique;

2° La substitution porte à la fois sur les deux hydrogènes

Dans le premier cas nous avons un acide uramique.

Dans le second une uréide.

Ainsi l'acide lactique donnera :

$$\begin{array}{l} CH^3 - CH.OH \\ \qquad\quad | \\ \qquad CO^2H \end{array} \qquad \begin{array}{l} CH^3 - CH.AzH - CO - AzH^2 \\ \qquad\quad | \\ \qquad CO^2H \end{array}$$

Acide lactique. Acide lacturamique.

$$\begin{array}{l} CH^3 - CH - AzH \\ \qquad\quad | \qquad\qquad \rangle CO'' \\ \qquad CO'' - AzH \end{array}$$

Lactyle-urée.

Urées qui appartient à un type plus condensé.

En traitant le dichlorure d'éthylène diammonium par le cyanate d'argent, M. Volhard a obtenu l'urée éthylénique.

$$\left.\begin{array}{l} C^2H^4 \\ H^6 \end{array}\right\rangle Az^2Cl^2 + \left(\left.\begin{array}{l} CO \\ Ag \end{array}\right\rangle Az\right)^2 = (AgCl)^2 + \left.\begin{array}{l} CO \\ CO \\ C^2H^4 \\ H^4 \end{array}\right\} Az^4$$

Dichlorure d'éthylène diammonium. Cyanate d'argent. Chlorure d'argent. Urée éthylénique.

$$\text{Ou} \begin{matrix} (CO)'' < \begin{matrix} AzH^2 \\ AzH \end{matrix} \\ (CO)'' < \begin{matrix} AzH \\ AzH^2 \end{matrix} \end{matrix} \Big\} (C^2H^4)'' = \text{urée éthylénique.}$$

Soumettant à l'action du cyanate d'argent des composés comme le dichlorure d'éthylène diammonium ou des dérivés de ce corps on obtient des urées éthyléniques.

En versant de l'éthylène diamine dans du cyanate d'éthyle, M. Volhard a obtenu une éthylène diéthylique.

$$C^2H^4\Big\{\begin{matrix} AzH^2 \\ AzH^2 \end{matrix} + \left(\begin{matrix} CO \\ C^2H^5 \end{matrix} > Az\right)^2 + \begin{matrix} CO''\Big\{\begin{matrix} AzHC^2H^5 \\ AzH \end{matrix} \\ CO''\Big\{\begin{matrix} AzH \\ AzH.C^2H^5 \end{matrix} \end{matrix} \Big\} C^2H^{4''}$$

Ethylène diamine. Cyanate d'éthyle. Urée éthylénique.

Urées sulfurées et phosphorées.

Le soufre pourra remplacer l'oxygène dans une urée, on aura ainsi une urée sulfurée.

1° Sulfo-cyanate d'ammonium donne par suite d'une transformation moléculaire, quand on le chauffe vers 170°, une urée sulfurée.

$$\begin{matrix} (CS)'' \\ AzH^4 \end{matrix}\Big\}Az \quad \text{donne} \quad (CS)'' < \begin{matrix} AzH^2 \\ AzH^2 \end{matrix} \quad \text{urée sulfurée.}$$

Sulfocyanate d'ammonium.

L'ammoniaque et les amines réagissent sur les sulfocarbimides, comme elles agissent sur les carbimides.

En produisant des urées sulfurées ; on obtient ainsi :

$$(CS)\left\{\begin{matrix} AzH(C^2H^5) \\ AzH^2 \end{matrix}\right. \qquad CS\left\langle\begin{matrix} AzH.C^2H^5 \\ AzH.C^2H^5 \end{matrix}\right. \qquad CS\left\langle\begin{matrix} Az.(C^2H^5)^2 \\ AzH^2 \end{matrix}\right.$$

Urées sulfurées.

En substituant un éther sulfo-cyanique aux éthers cyaniques et en substituant une phosphine aux amines, Hofmann a obtenu :

$$\left.\begin{matrix} C\,S'' \\ C^2H^5 \end{matrix}\right\rangle Az + \left.\begin{matrix} C^2H^5 \\ C^2H^5 \\ C^2H^5 \end{matrix}\right\} Ph''' = CS\left\langle\begin{matrix} P.(C^2H^5)^3 \\ Az(C^2H^5)\,(C^2H^5) \end{matrix}\right.$$

Sulfocyanate d'éthyle. — Triéthylephosphine. — Urée sulfurée et phosphorée.

Uréthane.

Tous les éthers carbamiques portent le nom général d'*uréthane*.

Ainsi tous les carbamates d'éthyle, de phényle sont l'éthyluréthane, la phényluréthane, etc.

Tout d'abord le mot d'uréthane s'appliquait spécialement au carbamate d'éthyle.

1° Faisant agir l'ammoniaque sur un éther carbonique d'alcool. On obtient : 1° une molécule d'alcool est mise en liberté : 2° AzH^3 se substitue au groupe alcoolique ainsi :

$$CO\left\langle\begin{matrix} OC^2H^5 \\ OC^2H^5 \end{matrix}\right. + AzH^3 = CO\left\langle\begin{matrix} OC^2H^5 \\ AzH^2 \end{matrix}\right. + \left.\begin{matrix} C^2H^5 \\ H \end{matrix}\right\rangle O$$

Ether carbonique. Carbonate d'éthyle. — Ammoniaque. — Uréthane. — Alcool.

(Réaction indiquée au cours de Wur à la Sorbonne).

Il faut avoir soin de ne pas prendre un excès d'ammoniaque, sans quoi on tomberait sur l'urée.

2° En faisant réagir l'ammoniaque sur l'éther chloro-carbonique d'un alcool.

$$CO\left\langle\begin{matrix}OC^2H^5\\Cl\end{matrix}\right. + AzH^3 = CO\left\langle\begin{matrix}OC^2H^5\\AzH^2\end{matrix}\right. + HCl$$

Chlorocarbonate d'éthyle. — Ammoniaque. — Uréthane. — Acide chlorhydrique.

(Dumas).

CHAPITRE IV.

Acide cyanhydrique. — Fonction cyanure ou nitrile.

Acide cyanhydrique. CAzH ou CyH. — Liquide incolore. Densité = 0,7058. A moins 15°, il se solidifie en cristaux en forme de barbes de plumes. Il bout à 26°. Odeur particulière d'amande amère. Poison le plus violent, et le plus prompt que l'on connaisse.

1° Synthèse. — Sous l'influence de l'étincelle électrique, l'acéthylène s'unit à l'azote pour former de l'acide cyanhydrique et si l'on opère dans un excès d'hydrogène, il n'y a aucun dépôt de charbon, (Berthelot) (1).

$$C^2H^2 + Az^2 = 2\,CAzH.$$

M. Hoffmann a reconnu que l'addition d'une petite quantité de potasse en solution dont l'alcool facilite beaucoup cette réaction.

2° L'acide cyanhydrique se produit parfois dans la distillation des substances azotées ou dans la réaction de l'acide azotique sur certaines substances organiques.

3° L'acide cyanhydrique résulte aussi de la déshydratation du formiate d'ammonium (2), (Dobereiner).

$$\underset{\text{Formiate d'ammonium.}}{CHO-OAzH^4} = \underset{\text{Eau.}}{2\,H^2O} + \underset{\text{Acide cyanhydrique.}}{CAzH}$$

(1) Comptes-rendus des sciences, t. LXVII, p. 1141, année 1818.
(2) Ruchner's repert., t. XV, p. 245.

Etat naturel. — Si le cyanogène et l'hydrogène libres ne se combinent jamais directement et s'il faut généralement l'action d'un acide minéral comme l'acide sulfurique, l'acide chlorydrique sur un cyanure métallique on peut dire que dans le règne végétal l'acide cyanhydrique est très répandu.

On le trouve dans les eaux distillées préparées avec les feuilles de laurier-cerise, feuilles et fleurs de pêcher, avec les amandes amères, les amandes du pêcher, de l'abricotier, du cerisier, du prunellier, etc.

C'est presque toujours par un dédoublement d'une substance neutre, l'amygdaline contenue dans ces végétaux que l'acide cyanhydrique prend naissance. Aussi est-ce par l'action de l'eau sur les parties végétales que se forme la plus grande partie de cet acide. L'amygdaline se transforme dans ce cas en glucose, acide cyanhydrique et essence d'amandes amères.

Fonction cyanure ou nitriles (1).

On a donné le nom de nitriles à une série de composés qui ne diffèrent des sels ammoniacaux que par $(H^2O)^2$ en moins

Pelouze en 1834, chauffant du cyanure de potassium avec du sulfovinate de potasse, obtint ainsi le cyanure d'éthyle. Il découvrit à la fois ce corps et la méthode qui donne tous les homologues du cyanure d'éthyle.

(1) Ces renseignements sont pris dans la thèse remarquable de M. A. Gautier.

$$CAzK + SO^2\begin{cases}OC^2H^5\\OK\end{cases} = \begin{matrix}C^2H^5\\|\\CAz\end{matrix} + SO^2\begin{cases}OK\\OK\end{cases}$$

Cyanure de potassium. Sulfovinate de potasse. Cyanure d'éthyle. Sulfate potassique.

Pelouze avait encore observé que le formiate d'ammonium se convertit par la distillation en H^2O et acide cyanhydrique.

$$CH.O^2AzH^4 = CAzH + (H^2O)^2$$

Formiate d'ammonium. Acide cyanhydrique. Eau.

Fehling en 1844 par la distillation sèche du benzoate d'ammonium, obtint la benzonitrile.

$$C^6H^5.CO^2AzH^4 = (H^2O)^2 + C^6H^5.CAz$$

Benzoate d'ammonium. Eau. Benzonitrile.

Ces trois faits isolés furent rapprochés et généralisés par les travaux de M. Dumas en 1847.

Il prouva que par la déshydratation, les sels ammoniacaux donnent naissance à deux séries de composés :

1° Les amides en perdant H^2O.

2° Les nitriles en perdant $(H^2O)^2$.

Jusqu'en 1865, on admettait que les nitriles et les éthers cyanhydriques alcooliques étaient identiques. A cette époque, M. Gautier prouva la réalité de l'hypothèse.

En montrant que l'acide cyanhydrique pouvait, en s'unissant aux hydracides, donner des composés comparables aux sels ammoniacaux, et où le groupe $(CH)'''$ remplaçait 3(H).

$$CAzH + HCl = \left.\begin{matrix} (CH)''' \\ H \\ Cl \end{matrix}\right\} Az$$

Acide cyanhydrique.

Cette hypothèse se vérifie encore pour les éthers cyanhydriques ainsi : 3 H de AzH^3 sont remplacés par : $(CH)'''$ $(C^2H^3)'''$, $(C^3H^5)'''$ dans les éthers cyanhydriques.

Enfin M. Gauthier essayant l'action des iodures alcooliques sur cyanure d'argent, obtint des composés isomères des nitriles et qu'il appela *carbyl-amines*.

En résumé, nitrile ou éther cyanhydrique sont deux expressions différentes, représentant le même composé et non des composés isomériques.

Synthèse des nitriles.

1° Si on traite une solution alcoolique de cyanure de potassium par un iodure, bromure, chlorure alcoolique, on obtient une nitrile.

$$\left.\begin{matrix} C^2H^5 \\ Cl \end{matrix}\right\} + \left.\begin{matrix} K \\ AzC \end{matrix}\right\} = \left.\begin{matrix} K \\ Cl \end{matrix}\right\} + \begin{matrix} C^2H^5 \\ | \\ CAz \end{matrix}$$

Chlorure d'éthyle. — Cyanure de K. — Chlorure de potassium. — Cyanure d'éthyle.

2° Traitant le sulfovinate de potassium par le cyanure de potassium :

$$SO^2\begin{matrix} \diagup OC^2H^5 \\ \diagdown OK \end{matrix} + CAzK = SO^2\begin{matrix} \diagup OK \\ \diagdown OK \end{matrix} + \begin{matrix} C^2H^5 \\ | \\ CAz \end{matrix}$$

Ethyl-sulfate de K. — Cyanure de potassium. — Sulfate de potassium. — Cyanure d'éthyle.

En prenant de même les sels alcalins des alcools monoatomiques et en les traitant par C'AzK, on obtient le cyanure alcoolique du radical contenu dans l'éther acide. Dans cette réaction il se forme un mélange de nitrile et de carbylamine.

3° *Déshydratation d'un sel ammoniacal.*

$$\left.\begin{matrix} CH^3 - CO \\ AzH^4 \end{matrix}\right\} O = (H^2O)^2 + CH^3 - CAz$$

Acétate d'ammonium. Eau. Acéto-nitrile ou cyanure de méthyle

$$\begin{matrix} CH^3 - CO \\ H^2 \end{matrix} \!\!> Az = H^2O + CH^3 - CAz$$

Acétamide. Eau. Cyanure de méthyle.

4° Par l'action du chlorure de cyanogène sur le zincéthyle, ainsi que l'a indiqué M. Gal.

$$(C^2H^5)^2 Zn'' + (CAzCl)^2 = ZnCl^2 + (C^2H^5.CAz)^2$$

Propionitrile.

Les nitriles des phénols peuvent aussi s'obtenir en distillant un mélange du sel de potassium de l'acide sulfoconjugué et de cyanure de potassium :

$$C^6H^5 - SO^3K + \begin{matrix} K \\ CAz \end{matrix} \!\!> = C^6H^5.CAz + SO^3 \!\!< \begin{matrix} K \\ OK \end{matrix}$$

Phényl-sulfite de potassium. Cyanure de phényle. Sulfite de potassium.

Synthèse des carbyl-amines.

1° Les formiates d'amines soumis à la distillation perdent $(H^2O)^2$ en donnant naissance à une carbyl-amine.

$$Az\left\{\begin{matrix}R'\\H^2\end{matrix}\right\}CO^2H^2 = (H^2O)^2 + Az\}C$$

Formiate d'amine. Carbyl-amine.

(Gauthier).

2° *Cyanure d'argent agissant sur les iodures alcooliques.*

$$\begin{matrix}C^2H^5\\I\end{matrix}\rangle + \begin{matrix}Ag\\CAz\end{matrix}\rangle = \begin{matrix}C^2H^5\\C\end{matrix}\rangle Az + IAg$$

Iodure d'éthyle. Cyanure d'argent. Ethyl-carbyl-amine. Iodure d'argent.

Dans cette réaction, la carbyl-amine reste unie à un excès de cyanure d'argent en donnant naissance à un composé cristallisé.

$$\left.\begin{matrix}C^2H^5\\C\end{matrix}\right\}Az, \left.\begin{matrix}Ag\\CAz\end{matrix}\right\}$$

qui se dédouble sous l'action simultanée de H^2O et de cyanure de potassium; le cyanure de potassium met la carbyl-amine en liberté et s'empare du cyanure d'argent :

$$\left(\left.\begin{matrix}K\\CAz\end{matrix}\right\}, \begin{matrix}Ag\\CAz\end{matrix}\right) \text{ Sel double.}$$

3° Hoffmann a fait connaître le procédé suivant, qui consiste à faire réagir le chloroforme sur une amine primaire en présence de la potasse.

$$\left.\begin{matrix}C^5H^{11}\\H^2\end{matrix}\right\}Az + CHCl^3 + KOH = 3\begin{pmatrix}K\\Cl\end{pmatrix} + 3\,H^2O + \left.\begin{matrix}C^5H^{11}\\C\end{matrix}\right\}Az$$

Amyl-amine. Chloroforme. Potasse. Chlorure de potassium. Eau. Amyl-carbyl-amine.

Rôle des nitriles dans la synthèse des acides organiques.

Les éthers cyanhydriques des alcools monoatomiques soumis à l'action hydratante de la potasse absorbent les éléments de l'eau en donnant naissant à un sel de potassium dont l'acide est d'une série supérieure d'un degré à celle de l'alcool et à de l'ammoniaque.

$$\begin{matrix} C^4H^5 \\ | \\ CAz \end{matrix} + \begin{matrix} K \\ H \end{matrix}\Big\rangle O + \begin{matrix} H \\ H \end{matrix}\Big\rangle O = AzH^3 + \begin{matrix} C^4H^5 \\ | \\ CO.OK \end{matrix}$$

Cyanure d'éthyle. — Hydrate de potasse. — Eau. — Ammoniaque. — Proprionate de potassium.

Rôle des carbyle-amines dans la formation des amines.

Nous avons vu que les formiates d'amines perdant (H^2O^2) donnaient des carbyl-amines. Si nous hydratons au contraire des carbyl-anîmes, nous formerons de l'acide formique et l'amine correspondante

$$C^4H^5.AzC + \left(\begin{matrix} H \\ H \end{matrix}\Big\rangle O\right)^2 = \begin{matrix} C^4H^5 \\ H \\ H \end{matrix}\Big\} Az + \begin{matrix} CO^2H \\ | \\ H. \end{matrix}$$

Ethyl-carbyl-amine. — Eau. — Ethyl-amine. — Acide formique.

Créatine.

Etat naturel. — Elle se retire de la chair musculaire. On prend une quarantaine de kilog. de viand de cheval débarrassée de graisse. On la hache, puis on la laisse macérer 24 heures à l'eau froide. On exprime ensuite la viande.

Puis on la fait bouillir quelques temps avec une nouvelle quantité de H^2O. On exprime de nouveau. On mélange les deux liquides. Après avoir fait bouillir la première faite à froid. On ajoute de l'eau baryte jusqu'à cessation de précipité, puis fait bouillir. On filtre, on évapore à une douce chaleur. Laissant dans un endroit frais il se dépose d'abord en cristaux qui constituent la créatine.

En présence des acides énergiques, la créatine perd H^2O en donnant la créatinine.

$$\underset{\text{Créatine.}}{C^4H^9Az^3O^2} = \underset{\text{Eau.}}{H^2O} + \underset{\text{Créatinine.}}{C^4H^7Az^3O}$$

Quand on hydrate au contraire la créatine en la faisant bouillir avec l'eau de baryte, on obtient:

$$\underset{\text{Créatine.}}{C^4H^9Az^3O^2} + \underset{\text{Eau.}}{H^2O} = \underset{\text{Urée.}}{CO\left\langle\begin{matrix}AzH^2\\ AzH^2\end{matrix}\right.} + \underset{\text{Sarcosine ou méthyl-glycocolle (1).}}{C^3H^7AzO^2}$$

(1) On fait la synthèse de la sarcosine en faisant réagir la méthyliaque sur l'acide monochloracétique.

$$\underset{\text{Méthyliaque.}}{AzH^2CH^3} + \underset{\text{Acide monochloracétique.}}{C^2H^3ClO^2} = \underset{\text{Sarcosine.}}{C^3H^7AzO^2} + HCl$$

Considérant que sous l'influence des hydratants, la créatine se convertit en urée et sarcosine, Strecker a pensé que la créatine était un composé de cyanamide et de méthylglycocolle ou sarcosine.

Mélangeant des solutions de cyanamide et de glycocolle en présence de quelques gouttes de AzH^3, Strecker a obtenu un corps qui diffère de la créatine en ce que CH^3 est remplacée par H.

Synthèse. — Volhard mélangeant des solutions alcooliques de *sarcosine* et de cyanamide a obtenu la créatine.

$$\begin{array}{l} C \equiv Az \\ | \\ AzH^2 \end{array} + C^3H^7AzO^2 = C^4H^9Az^3O^2$$

Cyanamide. Sarcosine. Créatine.

Guanidine.

État naturel. — La *guanidine* se retire par oxydation de la guanine qui existe dans le guano du Pérou.

$$C^5H^5Az^5O + H^2O + O^3 = C^3H^2Az^2O^3 + CH^5Az^3 + CO^2$$

Guanine. Eau. Oxygène. Acide parabanique. Guanidine. Acide carbonique.

La synthèse de la guanidine a été faite par Hofmann. Il l'obtient en traitant l'ortho-carbonate d'éthyle par l'ammoniaque :

$$C\left\{\begin{array}{l} OC^2H^5 \\ OC^2H^5 \\ OC^2H^5 \\ OC^2H^5 \end{array}\right. + 3\,(AzH^3) = CH^5Az^3 + 4\,(C^2H^5.OH)$$

Orthocarbonate d'éthyle. Ammoniaque. Guanidine. Alcool.

Erlenmeyer a obtenu de la guanidine en dirigeant du chlorure de cyanogène gazeux dans de l'alcool ammoniacal, puis chauffant pendant quelques temps vers 100° la guanidine formée avec le sel ammoniaque. La réaction se passe en deux phases.

1° Il se produit la cyanamide et du sel ammoniaque.

$$CAz.Cl + 2\,(AzH^3) = \begin{matrix} C \equiv Az \\ | \\ AzH^2 \end{matrix} + AzH^4Cl$$

Chlorure de cyanogène gazeux. Ammoniaque. Cyanamide. Chlorure d'ammonium.

2° Chauffant ensuite la cyanamide et le chrorure d'ammonium il se produit :

$$\begin{matrix} C \equiv Az \\ | \\ AzH^2 \end{matrix} + AzH^4Cl = \begin{matrix} AzH^2.HCl \\ | \\ C = AzH \\ | \\ AzH^2. \end{matrix}$$

Cyanamide. Chlorure d'ammonium. Chlorhydrate de guanidine.

Enfin en chauffant du biuret dans un courant de gaz chlorhydique,

$$\begin{matrix} AzH^2 \\ | \\ CO \\ \\ CO \\ | \\ AzH^2 \end{matrix} \!\!> AzH + HCl = CO^2 + \begin{matrix} AzH^2.HCl. \\ | \\ C = AzH \\ | \\ AzH^2. \end{matrix}$$

Biuret. Acide chlorhydrique. Acide carbonique. Chlorhydrate de guanidine.

CHAPITRE V.

Dérivés de l'acide urique.

Scheele découvre l'acide urique en 1776; Liebig et Wöhler se livrent à son étude, et, dans un mémoire remarquable publié en 1838, décrivent toutes les propriétés de ce corps et de ses nombreux dérivés.

Schlieper, Gregory font, sur le même sujet, d'importantes recherches; Baeyer enfin, fait connaître la constitution des termes de toute cette série.

L'étude analytique était donc complète, mais bien faibles étaient les résultats acquis dans la voie de la synthèse.

On ne pouvait obtenir dans le laboratoire ni l'acide urique, ni l'un de ses dérivés d'une constitution plus simple.

M. Baeyer (1), le premier, a pu reproduire artificiellement un terme de la série urique, l'hydantoïne ou glycolylurée.

Il avait déjà obtenu ce corps en réduisant l'allantoïne par l'acide iodhydrique; il l'avait trouvé dans les produits de dédoublement de l'acide alloxanique qui, à 100°, fournit de l'acide carbonique, de l'acide leucoturique, de l'acide allanturique, et enfin, de l'hydantoïne.

Sa synthèse repose sur l'action de l'ammoniaque sur la bromacétylurée, $C^3H^5BrAz^2O^2$.

(1) Bæyer. Ann. der. chem. u. Pharm., t. CXVIII, p. 178, t. CXIX, p. 126.

Ce dernier corps est chauffé au bain-marie avec de l'alcool ammoniacal; on évapore ensuite à siccité, on lave avec un peu d'eau, on fait bouillir avec de l'hydrate de plomb qu'on enlève après par l'hydrogène sulfuré. La solution est évaporée à cristallisation, et l'hydantoïne se dépose par le refroidissement.

En chauffant le glycocolle avec un excès d'urée, d'abord à 120° et finalement à 125°, Heintz (1) a obtenu la glycolylurée, qu'il n'a pu isoler à l'état de pureté, mais qu'il a convertie en acide hydantoïque, $C^3H^6O^3Az^2$.

L'hydantoïne est donc le premier dérivé urique qui ait été fait par synthèse.

Maintenant, pour suivre avec plus de facilité les résultats synthétiques qui ont été obtenus jusqu'à ce jour, il sera bon de considérer, comme l'a fait Baeyer, tous les dérivés uriques comme formés par l'union de l'urée et des acides polyatomiques avec élimination d'un certain nombre de molécules d'eau, et de les ranger en trois classes :

1° Les mono-uréides; 2° les acides uramiques; 3° les diuréides.

Tous ces composés peuvent aussi être partagés en deux groupes, les uns faisant partie de la série parabanique, les autres appartenant à la série de l'alloxane.

Le terme le plus simple des dérivés uriques étant l'acide parabanique, c'est à la synthèse de ce corps que devaient tendre les efforts des chimistes travaillant dans cette série.

L'acide parabanique, traité par les alcalis, s'assimile une molécule d'eau et se convertit en acide oxalurique qui, à son tour, peut fixer une autre molécule d'eau pour donner de l'acide oxalique et de l'urée.

(1) Heintz. Annal. der Chem. u. Pharm., t. CXXXIII, p. 65.

$$C^3H^2Az^2O^3 + H^2O = C^3H^4Az^2O^4$$

Acide parabanique. Acide oxalurique.

$$C^3H^4Az^2O^4 + H^2O = COAz^2H^4 + C^2H^2O^4$$

Acide oxalurique. Urée. Acide oxalique.

L'acide parabanique est donc l'oxalylurée.

M. Henry (1) ayant obtenu l'oxalurate d'éthyle par l'action du chlorure d'éthyloxalyle sur l'urée, M. Grimaux (2) a ouvert ses nombreux et remarquables travaux sur la série urique en convertissant l'acide oxalurique en acide parabanique.

On arrose l'acide oxalurique bien desséché de trois fois son poids d'oxychlorure de phosphore, et le mélange est porté à une température de 200 degrés, jusqu'à ce qu'il ne se dégage plus d'acide chlorhydrique. On traite par l'eau tiède; l'acide oxalurique presque insoluble dans l'eau, est facilement séparé et la solution filtrée est évaporée au bain-marie. Le résidu cristallin traité par l'alcool bouillant pour lui faire subir une purification n'est autre chose que de l'acide parabanique.

Le même chimiste, dans le cours de ses importantes recherches sur les uréides pyruviques, a obtenu un dérivé nitré, $C^4H^3(AzO^2)Az^2O^2$, qui, traité par le brome et l'eau, se dédouble en bromopicrine et en acide parabanique (1).

C'est là une réaction très intéressante qui a permis à M. Grimaux de rattacher les uréides pyruviques à la série urique.

(1) Henry. Deuts. chem. Geselsch., t. IV, p. 644.
(2) E. Grimaux. Bullet. société chim., t. XXI, p. 107.
(3) E. Grimaux. Bull. Soc. chim., t. XXIII, p. 49.

M. Ponomareff (1), en traitant par le trichlorure de phosphore un mélange d'urée et d'acide oxalique, avait obtenu un corps présentant toutes propriétés de l'oxalylurée; les chiffres fournis par l'analyse du sel d'argent correspondaient à ceux qui exige le parabanate d'argent; mais l'acide isolé représentait l'acide parabanique, plus deux molécules d'eau.

$$C^3H^2Az^2O^3, \ 2H^2O.$$

De plus, il était insoluble dans l'alcool, tandis que le véritable acide parabanique s'y dissout assez facilement.

Comme second terme dans la série parabanique, nous trouvons l'acide allanturique ou glyoxylurée, $C^3H^4Az^2O^3$. Il ne diffère de l'acide parabanique que par H^2, et malgré cela on n'a jamais pu l'obtenir en hydrogénant l'oxalylurée. C'est un produit de dédoublement de l'allantoïne ou de l'acide uroxanique.

Après la glyoxylurée, vient se placer la glycolylurée,

$$C^3H^4Az^2O^2.$$

C'est l'hydantoïne, et nous avons vu que Baeyer en la reproduisant artificiellement, a opéré la première synthèse dans les composés uriques.

Voyons maintenant les autres mono-uréides, celles qui font partie du groupe de l'alloxane.

On peut rattacher tous ces composés à l'acide malonique, $C^3H^4O^4$, ou à ses produits de substitution, l'acide tartronique, $C^3H^4O^5$, l'acide mésoxalique, $C^3H^4O^6$, l'acide

(1) Ponomareff. Bull. Soc. chim., t. XVIII, p. 97.

amidomalonique, $C^3H^2(AzH^2)O^4$. On obtient ainsi les termes principaux de la série alloxanique, malonylurée ou acide barbiturique, méxonalylurée ou alloxane, tartronylurée ou acide dialurique. A la malonylurée se rattachent le dérivé nitré qui est l'acide dilituriquc, un dérivé nitrosé, l'acide violurique, un dérivé amidé, l'amidomalonylurée qui n'est autre chose que l'uramile ou dialuramide.

Pour reproduire par synthèse tous les corps de la famille de l'alloxane, il fallait donc préparer d'abord la malonylurée.

Dans ce but, M. Grimaux (1) chauffe au bain-marie un mélange d'acide malonique, d'urée et d'oxychlorure de phosphore. La masse est reprise par l'eau, filtrée, afin de séparer une substance jaune peu soluble. La liqueur, abandonnée à elle-même pendant vingt-quatre heures, laisse déposer la malonylurée.

Avec cette malonylurée on peut avoir immédiatement le dérivé nitré ou acide dilituriquc, le dérivé nitrosé (acide violurique).

En réduisant par le chlorure stanneux le dérivé nitré, on obtient l'amidomalonylurée ou uramile.

Avec cette malonylurée synthétique, M. Grimaux a pu préparer l'alloxantine en réduisant par l'hydrogène sulfuré la malonylurée dibromée. Les agents oxydants, quelques gouttes d'acide azotique transforment cette alloxantine en alloxane.

Enfin, la murexide cristallisée a été obtenue en traitant l'uramile par l'oxyde de mercure.

La série entière de l'alloxane peut donc être reproduite au moyen de la malonylurée faite par synthèse.

(1) E. Grimaux. Ann. de chim. et de phys., 5e série, t. XVII. 1879.

Si nous examinons mainteuant la deuxième classe des dérivés uriques, les acides uramiques, nous trouvons l'acide hydantoïque et l'acide oxalurique dans la serie de l'oxalylurée, et l'acide alloxanique dans celle de l'allonxane.

L'acide hydantoïque peut se faire artificiellement, puisqu'il se prépare au moyen de l'hydantoïne et que celle-ci se fait de toutes pièces d'après la synthèse de Baeyer.

Enfin, dans la classe des diuréides, l'allantoïne ou diuréide glyoxylique a été obtenue synthétiquement par M Grimaux.

Partant de cette idée, que l'acide pyruvique donne avec l'urée un homologue de l'allantoïne, et qu'il présente avec l'acide glyoxylique les relations que l'on observe entre l'aldhéyde et l'acétone, il a été amené à supposer que l'acide glyoxylique donnerait avec l'urée un corps isomère ou identique avec l'allantoïne (1).

Une partie d'acide glyoxylique et deux parties d'urée sont chauffées à 100° pendant huit à dix heures; la masse est reprise par 4 fois son poids d'alcool, le résidu insoluble est dissous dans 15 fois son poids d'eau bouillante. La solution laisse déposer de beaux prismas durs, dorés de beaucoup d'éclat, identiques à ceux de l'allantoïne, $C^4H^6Az^4O^3$.

Cette allantoïne synthétique est un exemple de synthèse parfaite.

Que faut-il pour l'obtenir? De l'uréeet de l'acide glyoxylique. De l'urée? Mais depuis la magnifique synthèse de Vöhler, l'urée s'obtient de toutes pièces et devient, pour ainsi dire, un produit minéral. L'acide glyoxylique est un

(1) Grimaux. Ann. de chim. et de phys., 5° série, t. XI. 1877.

produit d'oxydation lente de l'alcool, et l'on peut se servir d'un alcool de synthèse.

Voilà donc deux produits complètement artificiels qui, en s'unissant, donnent naissance à l'allantoïne découverte par Vauquelin et Buniva dans l'eau de l'amnios, retirée de l'urine des veaux par Vöhler, allantoïne qui est déjà un terme assez complexe de la série urique, et un corps bien organique.

Dans cette même classe des diuréides et dans le groupe de l'alloxane, vient se placer l'acide pseudo-urique de Baeyer (1).

Obtenu par l'action du cyanate de potassium sur l'uramile, on peut dire que c'est encore un composé synthétique. L'uramile, en effet, peut provenir de malonyl-urée synthétique, et l'acide malonique être préparé avec de l'acide malique, obtenu lui-même artificiellement.

De son côté, M. Grimaux en cherchant à former un corps, $C^5H^4Az^4O^3$, c'est-à-dire de la formule même de l'acide urique, est retombé sur l'acide pseudo-urique de Baeyer.

L'uramile réagit sur l'urée à une température de 180°, avec élimination d'ammoniaque. Il se forme une cristallisation confuse de pseudo-urate d'ammoniaque qu'on transforme en pseudo-urate de sodium et qui, traité par l'acide chlorhydrique, donne l'acide pseudo-urique identique à celui de M. Baeyer (1).

A l'acide oxalurique qui est groupé dans les acides uramiques, correspond une amide appelée l'oxaluramide, $C^3H^3Az^2O^3(AzH^2)$.

(1) Bœyer. Ann. der chem. u. pharm., t. CXXVIII, et Bull. de la Soc. chim., 1864, t. I, p. 49.

(2) E. Grimaux. Bull. Soc. chim., t. XXI, p. 535.

C'est le seul terme connu de cette fonction, les uramides.

L'oxaluramide ou oxalane a été d'abord obtenue par Rosing et Schischkoff. Elle prend naissance dans l'action de l'eau et de l'ammoniaque sur l'alloxane.

M. Carstanjen a préparé une oxaluramide de synthèse en chauffant un mélange d'urée et d'oxaméthane qu'on peut se procurer par une voie synthétique.

$$\underset{\text{Oxaméthane.}}{C^4H^7AzO^3} + \underset{\text{Urée.}}{COAz^2H^4} = \underset{\text{Oxaluramide.}}{C^3H^3Az^2O^3(AzH^2)} + \underset{\text{Alcool,}}{C^2H^6O}$$

A l'oxaluramide nous pouvons rattacher une amide découverte récemment par M. Grimaux (1).

C'est un dérivé du biuret, provenant d'un acide oxalylbiurétique, qui lui-même est comparable à l'acide oxalurique.

Il suffit de chauffer à 125-130° un mélange intime de parties égales d'urée et d'acide parabanique. La masse entre en fusion, se solidifie, et ne laisse dégager aucun gaz. Le corps obtenu est peu soluble dans l'eau bouillante, et même se détruit par une ébullition prolongée.

Avec le sulfate de cuivre il donne la même coloration violette que le biuret.

Nous voyons donc que presque tous les termes de la série urique, aussi bien dans le groupe parabanique que dans le groupe alloxanique, ont pu être reproduits par synthèse. Mais l'acide urique a résisté jusqu'ici à tous les efforts des chimistes.

Mulder, en faisant agir la cyanamide sur l'alloxantine,

(1) Caslangen. Journ. f. pr. chem., nouv. série, t. IX, p. 143.
(2) E Grimaux. Bull. Soc. chim., t. XXXII, p. 120.

a obtenu un corps qui présente la composition même de l'acide urique, $C^5H^4Az^4O^3$, mais dont la constitution est certainement différente.

Cet acide iso-urique représente l'acide pseudo-urique de Baeyer, moins une molécule d'eau, et paraît dériver de l'urée et de la cyanamide.

Enfin, M. Grimaux, après avoir préparé synthétiquement plusieurs composés uriques en partant de la malonylurée, a essayé de reproduire la tartronylurée.

Il a traité l'acide tartronique (oxymalonique $C^3H^4O^5$) par l'urée et l'oxychlorure de phosphore.

Le produit de la réaction, probablement l'acide dialurique, n'a pas été isolé. Seulement la réaction si sensible de l'acide urique, c'est-à-dire le traitement par l'acide azotique et l'ammoniaque, permet d'affirmer que c'était bien un corps de la même série.

Voilà donc les résultats importants auxquels conduisent les recherches synthétiques.

Au moyen de la synthèse des dérivés uriques, nous pouvons prouver que tous les corps de la famille de l'alloxane sont des sels d'urée moins de l'eau, de vraies uréides, que tous les composés analogues à l'acide parabanique, à l'acide oxalurique sont aussi de l'urée où l'hydrogène est remplacé par des radicaux acides.

Bien plus, la synthèse nous montre que ces urées composées dérivent d'acides à deux atomes de carbone dans la série parabanique et d'acides à trois atomes de carbone pour la série de l'alloxane.

Là se termine l'histoire de la synthèse des dérivés uriques proprement dits.

A côté de ces corps il en existe d'autres, constitués de la même façon, mais qui ne dérivent pas de l'acide urique.

Parmi ces congénères nous pouvons citer la lactylurée, $C^4H^6Az^2O^2$, obtenue par Urech (1), soit en déshydratant par la chaleur l'acide lacturamique, soit en traitant par l'acide chlorhydrique un mélange d'aldhéydate d'ammoniaque, de cyanure et de cyanate de potassium.

Cette lactylurée est homologue de l'hydantoïne, et isomère de la méthylhydantoïne.

L'action de l'urée sur les acides amidés donne donc des produits se rattachant à la série urique.

S'appuyant sur ce fait, M. Grimaux s'est emparé de l'asparagine (amide, amido mucinique) et a essayé d'obtenir des uréides maliques.

L'asparagine s'unit à l'urée avec élimination d'eau et d'ammoniaque, et forme l'amide malyluréique.

L'ébullition avec l'acide chlorhydrique transforme cette amide en acide malyluréique.

$C^5H^6Az^2O^4$.

C'est cette uréide que M. Grimaux a voulu transformer en malonylurée afin d'avoir toute la série alloxanique, ou même directement en alloxane par une oxydation convenable.

L'alloxane, en effet, renferme 1 molécule d'acide méxoxalique et 1 molécule d'urée, avec élimination de 2 molécules d'eau.

On pouvait donc penser que le corps renfermant 1 molécule d'acide malique, 1 molécule d'urée moins 2 molécules d'eau, pourrait, en fixant de l'oxygène, donner l'alloxane.

L'oxydation au moyen de l'acide azotique du permanga-

(1) Ureh. Ann. der chem. u. pharm., t. CLXV, p. 92.

nate de potasse, de l'acide chromique, de l'oxyde pure de plomb, n'a pas donné de résultats satisfaisants.

Avec le brome, la réaction est très complexe; aucun des divers composés bromés n'a pu être transformé en alloxane, bien que plusieurs donnaient une solution analogue à celle de la murexide, et présentaient des caractères se confondant avec ceux de l'isomurexide de Gregory ou isoalloxanate d'ammonium.

Pour terminer cette liste des dérivés ou des congénères de l'acide urique, nous mentionnerons des uréides nouvelles dérivées d'un acide acétonique, l'acide pyruvique,

$$C^3H^4O^3.$$

M. Grimaux voulant arriver à la synthèse de l'acide urique, et regardant cet acide comme provenant du remplacement de l'hydrogène de 2 molécules d'urée ou de cyanamide par des résidus d'acides aldhéydiques, ou bien acétoniques à 3 atomes de carbone, a essayé l'action de l'urée sur un acide acétonique afin d'obtenir des corps constitués comme les composés uriques.

Les produits de la réaction de l'urée sur l'acide pyruvique constituent de nouvelles uréides synthetiques :

La mono-uréide pyruvique $C^4 H^4 Az^2 O^2$; c'est son dérivé nitré $C^4 H^3 (Az O^2) Az^2 O^2$ qui traité par le brome se dédouble en bromopicrine et en acide parabanique.

La diuréide pyruvique ou pyvurile $C^5 H^8 Az^4 O^3$.

La tétra uréide dippyromique $C^{13} H^{16} Az^3 O^7$.

La tétra uréide tétrapyruvique $C^{16} H^{16} Az^3 O^8$.

Tous ces corps se rattachent à la série urique, car un de leurs produits de dédoublement est l'acide parabanique.

La diuréide pyruvique est une homologue de l'allantoïne, et la triuréide $C^9 H^{12} Az^6 O^5$ est comparable à l'acide allonturique de Mulder.

Ce sont là les premières diuréides qui aient été obtenues en dehors des composés uriques.

En résumé nous voyons par cette liste importante de produits synthétiques, l'influence immense de la synthèse en chimie organique.

Baeyer fabrique l'hidantoïne, M. Grimaux reproduit l'acide parabanique, l'allantoïne et trouve de nouveaux composés tout à fait semblables aux dérivés uriques. Les méthodes qu'il a indiquées permettent d'obtenir tous les corps, soit dans la série de l'alloxane, soit dans celle de l'oxalylurée

Il est maintenant certain que l'acide urique lui-même ne pourra plus résister longtemps aux efforts des savants.

La synthèse si ardemment cherchée, constituera un fait très remarquable en chimie organique.

Nous aurons alors toute une série, et on peut dire avec raison une des séries les plus complexes et des plus difficiles, où tous les corps seront admirablement classés, auront une constitution bien connue et pourront se reproduire par le fait merveilleux de la synthèse qui nous permet d'obtenir dans le laboratoire toute cette multitude de composés que l'organisme produit par des moyens encore mystérieux.

APPENDICE.

ALCALOÏDES NATURELS ET MATIÈRES ALBUMINOÏDES.

Dans ce chapitre, nous étudierons les alcaloïdes naturels et les matières albuminoïdes. Les alcaloïdes appartiennent probablement aux séries principales que nous avons déjà étudiées, mais ils sont encore trop imparfaitement connus pour qu'on connaisse exactement la place qu'il doivent occuper. Quant aux substances albuminoïdes, leur étude est encore peu avancée.

Alcaloïdes naturels. — Les alcaloïdes naturels se divisent en deux sections. La première renferme ceux qui ne contiennentpas d'oxygène ; ils sont volatils et portent pour cette raison le nom d'alcaloïdes volatils.

La seconde section contient ceux qui sont oxygénés ; on les nomme alcaloïdes fixes, parce que la plupart d'entre eux ne peuvent point être réduits en vapeur. Jusqu'ici on n'a pas encore pu réussir à faire la synthèse d'un alcaloïde naturel ; cependant les progrès de la science permettent d'entrevoir la possibilité de cette synthèse, qui nous fixera plus complètement sur la constitution de ces composés inntéressants.

Acaloïdes volatils.—Les propriétés de ces alcaloïdes sont tout à fait identiques avec celles des alcaloïdes artificielles, à côté desquelles on doit les placer. Une partie de leur hydrogène peut être remplacée par des radicaux alcooliques. Cependant, en introduisant dans ceux que l'on connaît actuellement, un ou tout au moins deux radicaux alcooliques, on les transforme en alcalis quatrenaires. Ces composés sont donc, soit des alcaloïdes secondaires, soit des alcaloïdes tertiaires. Ainsi la conicine C^8, H^{15}, Az est un alcali secondaire :

$$Az \left\{ \begin{array}{l} C^8, H^{14}; \\ H \end{array} \right.$$

la nicotine, une diamine tertiaire C^{10}, H^{14}, Az^2.

On ne sait pas encore si les radicaux de ces amines, qui se trouvent substitués à H^2 ou H^6, constituent des groupes indivisibles di ou hexatomiques, ou si ces alcalis renferment plusieurs groupes d'atomicité inférieure.

La conicine paraît renfermer un seul radical non saturé qui fonctionne comme diatomique :

$$Az \left\{ \begin{array}{l} C^8, H^{14}, \\ H \end{array} \right.$$

M. Schiff a obtenu synthétiquement un alcaloïde de la formule de la conicine, C^8, H^{15}, Az, mais qui n'est qu'isomérique avec cette base et qui s'en distingue par son point d'ébullition situé très légèrement plus haut, et surtout par sa constitution, car c'est un ammoniaque tertiaire. Cette base, qui possède l'odeur, les propriétés toxiques de la conicine, a été désignée sous le nom de paraconicine.

On la prépare en chauffant l'aldéhyde butyrique avec une solution alcoolique d'ammoniaque, et soumettant ensuite la butyraldine, qui prend naissance dans cette première réaction, à la distillation sèche :

$$\underset{\text{Aldéhyde butyrique.}}{2\,C^4H^8O} + \underset{\text{Ammoniaque.}}{AzH^3} = \underset{\text{Eau.}}{H^2O} + \underset{\text{Butyraldine.}}{C^8H^{17}AzO}$$

$$\underset{\text{Butyraldine.}}{C^8H^{17}AzO} = \underset{\text{Eau.}}{H^2O} + \underset{\text{Paraconicine.}}{C^8H^{15}Az}$$

Alcaloïdes fixes. — On a comparé longtemps les alcaloïdes oxygénés naturels aux urées, c'est-à-dire qu'on les croyait des amides basiques. Cette hypothèse n'est guère admissible, au moins pour ceux dont les propriétés basiques sont très prononcées. Les amides basiques, comme les urées, sont toujours en effet des bases trés faibles.

Les alcaloïdes naturels oxygénés doivent être plutôt assimilés aux alcaloïdes artificiels oxygénés découverts par M. Wurtz. Le seul point par lequel ils en diffèrent est qu'ils ne présentent pas comme ces derniers trois atomes d'hydrogène remplaçables. Cette différence s'explique d'ailleurs très facilement. Les alcaloïdes naturels de M. Wurtz ne posséderaient plus d'hydrogène remplaçable si on substituait des radicaux alcooliques à ces atomes d'hydrogène ; ainsi l'alcaloïde hypothétique que l'on obtiendrait probablement en substituant trois éthyles à trois hydrogènes dans la trihydroxéthylène-amine $(HO - C^2, H^{4''})^3 Az$, serait tout à fait comparable, par sa composition et ses propriétés, aux alcaloïdes oxygénés naturels :

$$Az\begin{cases}(C^2H^5O - C^2H^{4''})' \\ (C^2H^5O - C^2H^{4''})' \\ (C^2H^5O - C^2H^{4''})'\end{cases}$$

Matières albuminoïdes. — D'après leur manière de se dédoubler sous l'influence des alcalis ou de la baryte (en donnant les éléments de l'urée, de l'oxamide et des composés amiecés de la série saturée $C^n, H^{2n+1} AzO^2$ et de la série non saturée C^nH^{2n-1}, AzO^2), on peut être conduit à penser que ces produits pourraient se recombiner sous certaines influences déshydratantes et reproduire les composés initiaux par un mécanisme chimique analogue à celui qui donne naissance aux corps gras neutres par l'union de la glycérine avec un acide gras, avec élimination d'eau.

D'après M. Schutzenberger, le problème de la synthèse des matières albuminoïdes n'est pas aussi simple. Voici les raisons qu'il en donne :

Les matières hydrocarbonées (sucre, amidon, cellulose) chauffées avec de la baryte à 150°, se dédoublent en acide lactique. Ce dédoublement est accompagné d'un grand dégagement de chaleur, qu'indique une transposition moléculaire à la suite de laquelle se formerait le groupe CO^2H, qui n'existe pas dans les sucres.

Or, l'alamine, un des composés amidés dérivés des matières albuminoïdes, peut être envisagé comme l'amide de l'acide lactique avec conservation du groupe CO^2H. On peut donc supposer que les principes albuminoïdes sont, aux matières hydrocarbonées et à leurs homologues possibles, ce que l'alamine est à l'acide lactique.

Si pendant le dédoublement de l'albumine par la baryte il y a, ce qui est très probable, un dégagement de chaleur et une transposition moléculaire faisant apparaître le groupement CO^2H, il y a peu d'espoir de pouvoir remonter des composés amidés simples obtenus par le dédoublement aux principes plus complexes.

D'après M. Schutzenberger, le problème doit plutôt être abordé en partant des principes hydrocarbonés dans lesquels il s'agirait d'introduire un ou plusieurs résidus d'ammoniaque. C'est l'idée émise il y a longtemps par Sterry Hunt.

Les idées exposées ci-dessus sur la synthèse des matières albuminoïdes nous ont été données par M. Schutzenberger, que nous sommes heureux de remercier sincèrement.

CONCLUSIONS.

Nous venons d'examiner rapidement les divers procédés que l'on peut employer pour effectuer la synthèse des composés azotés. Ces méthodes sont, en général, très simples, et les corps obtenus sont très-nombreux. Les affinités peu énergiques de l'azote, sa mobilité dans ses combinaisons donnent aux produits qui contiennent cet élément, une physionomie particulière. — Grâce à ces propriétés singulières, les corps azotés peuvent être utilisés pour effectuer la synthèse de corps non azotés, souvent, en effet, pour reproduire certains composés il est nécessaire de prendre comme intermédiaires des composés azotés. — Si on n'est pas parvenu à reproduire les bases retirées des végétaux on a pu préparer de toutes pièces les acides végétaux en faisant intervenir des corps azotés.

Nous terminerons ce travail en indiquant les synthèses si remarquables des acides succinique, malique, tartrique, et en mentionnant celle de l'acide citrique effectuée dernièrement par M. Grimaux.

Acide succinique, malique tartrique.

Par l'action de la potasse sur les nitriles nous avons obtenu les acides gras.

$$\underset{\text{Cyanure d'éthyle.}}{C^2H^5CAz} + 2\,H^2O = AzH^3 + \underset{\text{Acide propionique.}}{C^2H^5\,(CHO^2)}$$

Prenons un carbure diatomique C^2H^4 et combinons-le au cyanogène nous aurons le dicyanure d'Ethylène $C^2H^4(CAz)^2$ qui, traité par la potasse, fournira un acide bibasique.

$$C^2H^4(CAz)^2 + 4\ H^2O = 2\ AzH^3 + C^2H^4\ (CHO^2)^2$$

Acide succinique.

La transformation de cet acide en acide malique et en acide tartrique est des plus facile.

Comme il est facile de le remarquer, la plupart des découvertes que nous avons eu à étudier, ont été effectuées en s'appuyant sur les principes de la théorie atomique, toutes ont été faites par les chefs de cette école ou par leurs élèves. Une théorie qui conduit à de pareils résultats n'en est plus à faire ses preuves et l'on peut dire que c'est à la théorie atomique qu'appartient l'avenir de la chimie.

TABLE DES MATIÈRES

Paris. — A. Parent, imprimeur de la F[illegible]té de Médec[illegible] rue M.-le-Prince, 29-31.

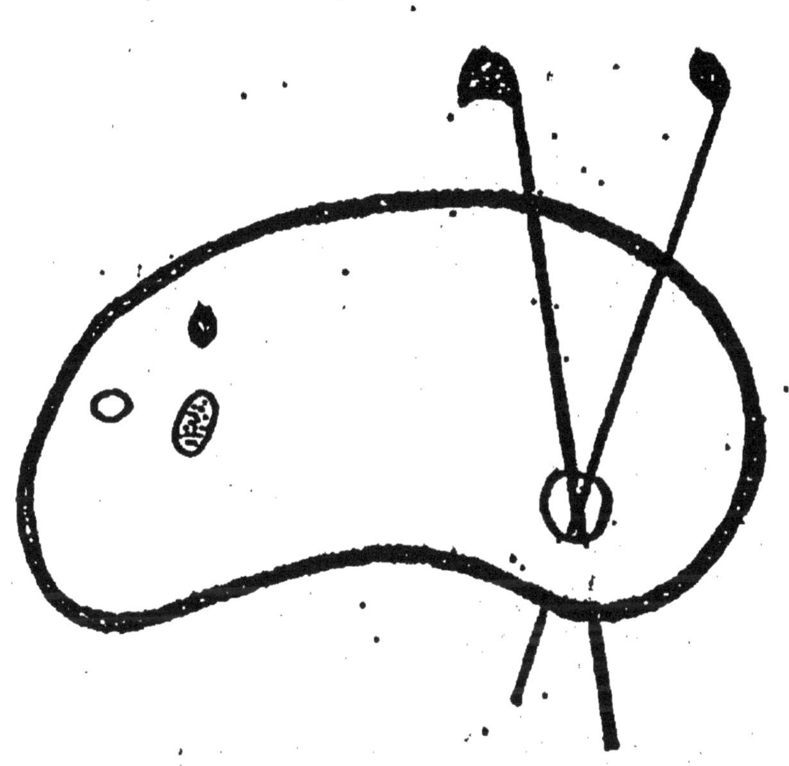

www.ingramcontent.com/pod-product-compliance
Ingram Content Group UK Ltd.
Pitfield, Milton Keynes, MK11 3LW, UK
UKHW012049240726
13965UKWH00003B/1165

9 782013 596756